世界は不思議に満ちている。世界は驚《おどろ》きに満ちている。世界を知ることはリアルを知ることであり、世界の本当の姿《すがた》を見つけることでもある。さぁ、未知の扉《とびら》をあけてみよう。

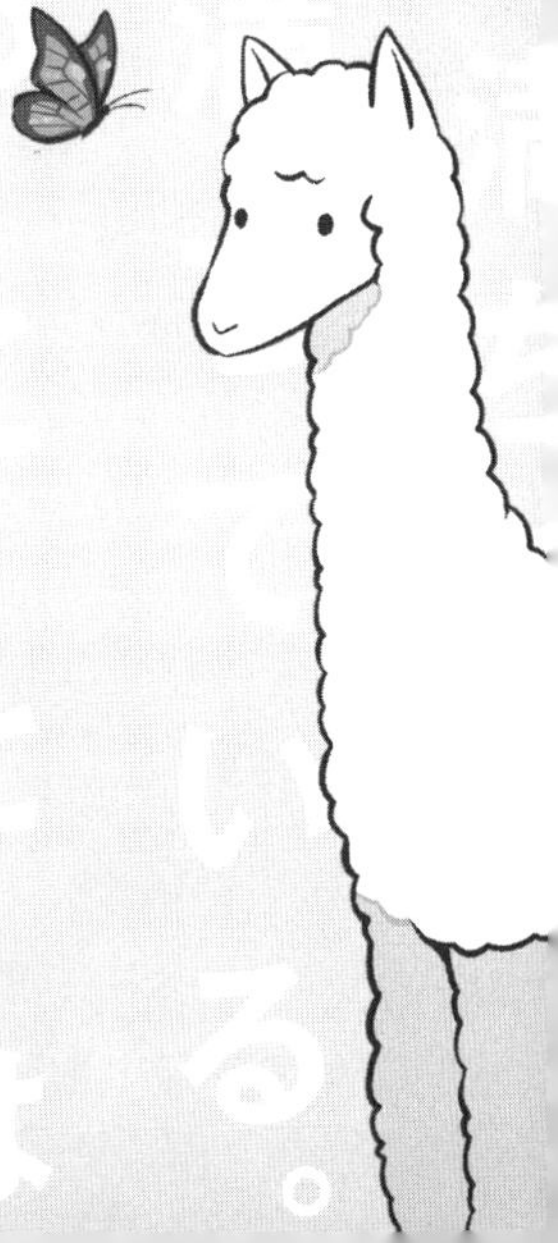

5分後に世界のリアル
驚愕《きょうがく》！　生き物サバイバル
栗栖　美樹・文

驚愕《きょうがく》！ 生き物サバイバル　もくじ

ウシのげっぷ

ストップ！地球温暖化《おんだんか》につながる？

世界のおもな気象情報《きしょうじょうほう》機関によると、二〇二四年の夏は地球全体で過去《かこ》の観測《かんそく》記録を超《こ》える暑さとなったようだ。地球の平均《へいきん》気温がどんどん高くなり、もはや「地球温《おん》暖化《だんか》」ではなく「地球沸騰化《ふっとうか》」だとさえいわれている。

「温室効果《おんしつこうか》ガス」という言葉を聞いたことがあるだろう。温室のように地球をおおって、太陽から地球にとどいた熱を宇宙《うちゅう》に逃《に》がさないはたらきをする気体のことだ。おもな成分は二酸化炭素《にさんかたんそ》で、つぎにメタンが多い。温室効果《おんしつこうか》ガスがなかったら、地球の平均《へいきん》気温はマイナス十九度になってしまうというから、地球にすむ生き物にとってなくてはならないものなのだ。

ところが、今の地球は大気中の温室効果《おんしつこうか》ガスがふえすぎて、よぶんな熱がたまり、

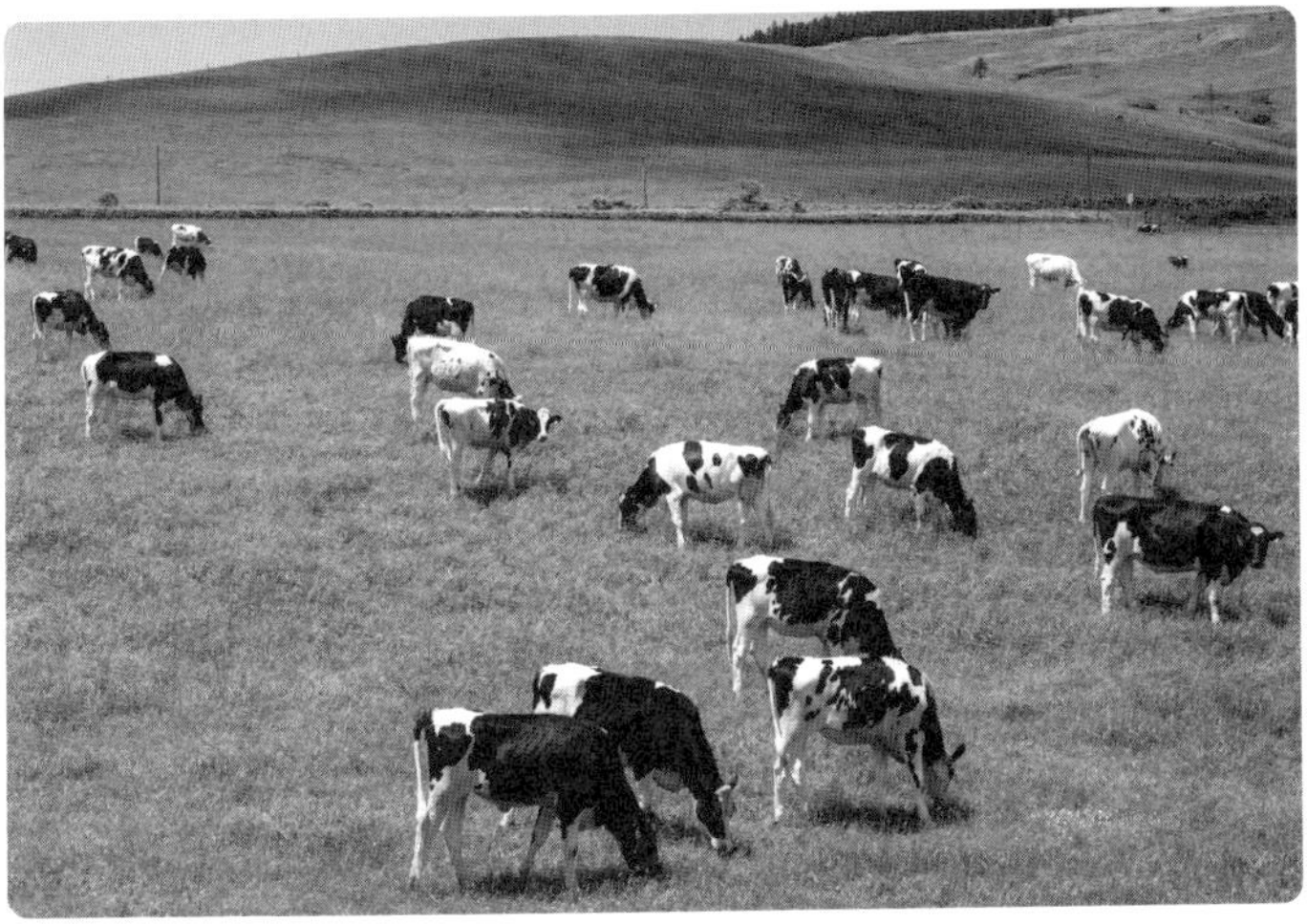

広い牧場で放牧されているウシたち。

気温や気候に異常《いじょう》が起こってきている状態《じょうたい》だ。それが地球温暖化《おんだんか》としてあらわれ、深刻《しんこく》な問題になっている。その大きな原因《げんいん》が、化石燃料《かせきねんりょう》の使用など、人間の活動がうみだす二酸化炭素《にさんかたんそ》であることはまちがいない。それから、メタンを出す原因《げんいん》のひとつもあきらかになっている。意外かもしれないが、なんと〝ウシのげっぷ〟だというのだ。げっぷとは、胃《い》や食道から逆流《ぎゃくりゅう》した空気が口からおしだされる現象《げんしょう》のことで、人間でも食後に「ゲプッ」となることはよくある。

ウシは、よくげっぷをする動物だという。だが、ウシが悪いことをしていると思うのは誤解《ごかい》で、げっぷには、食べ物を消化する「反すう」

ウシの胃《い》と消化の仕組み

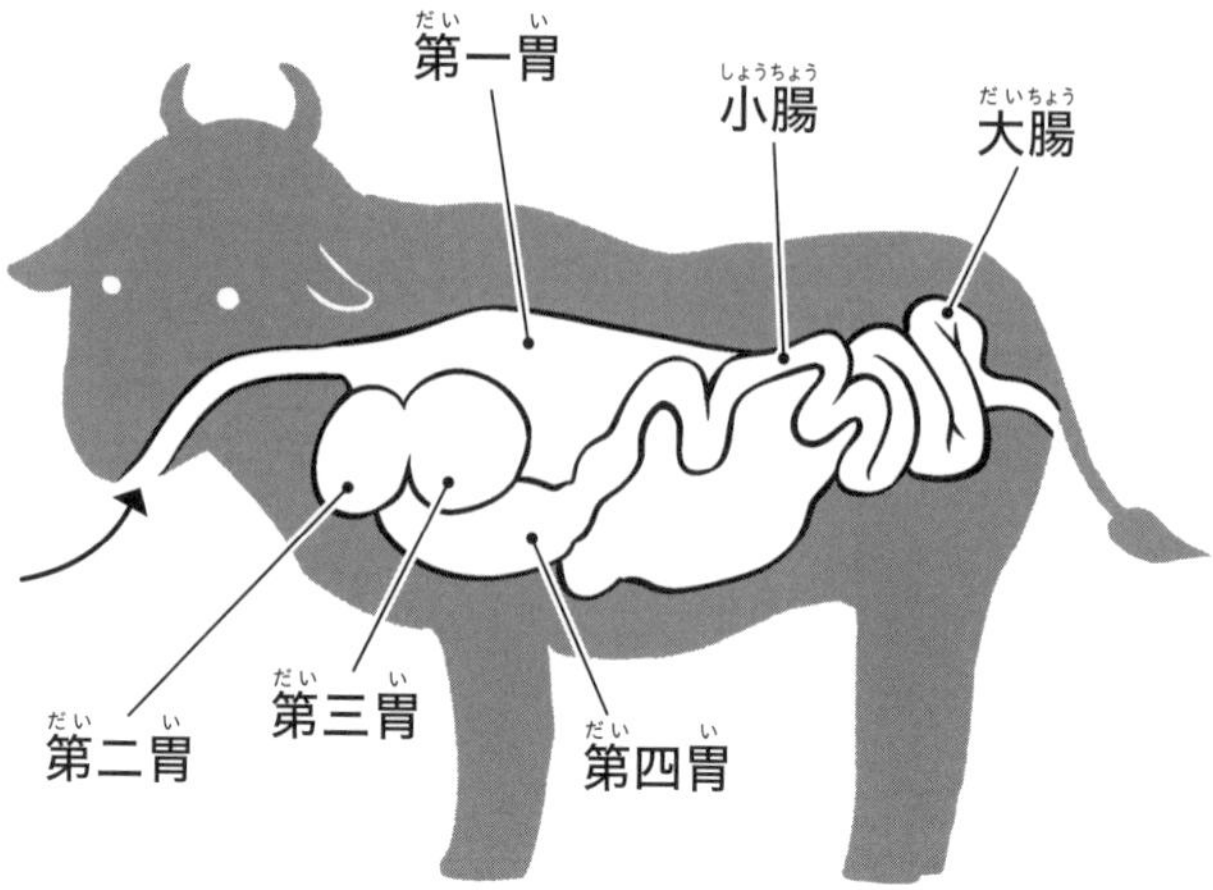

という仕組みが関係している。ウシは、第《だい》一胃《い》から第《だい》四胃《い》まで、役割《やくわり》のちがう四つの胃《い》を持っている。繊維質《せんいしつ》が多く、消化しにくい植物から、効率《こうりつ》よく栄養をとるためにそなわった仕組みだ。

食べたものは、まず、胃《い》全体の八割《わり》を占《し》める大きな第《だい》一胃《い》に送られる。第《だい》一胃《い》には、数千種類の微生物《びせいぶつ》が共生《きょうせい》していて、入ってきたものを消化・吸収《きゅうしゅう》しやすい状態《じょうたい》に分解《ぶんかい》し、発酵《はっこう》させるはたらきをする。第《だい》二胃《い》は、第《だい》一胃《い》から送られてきたものを、いったん口にもどすポンプの役《やく》割《わり》をし、口の中でかみなおされたものは第《だい》三胃《い》、第《だい》四胃《い》をとおるあいだに消化・吸収《きゅうしゅう》されるという流れだ。

ウシの第一胃《だいい》で起きていること

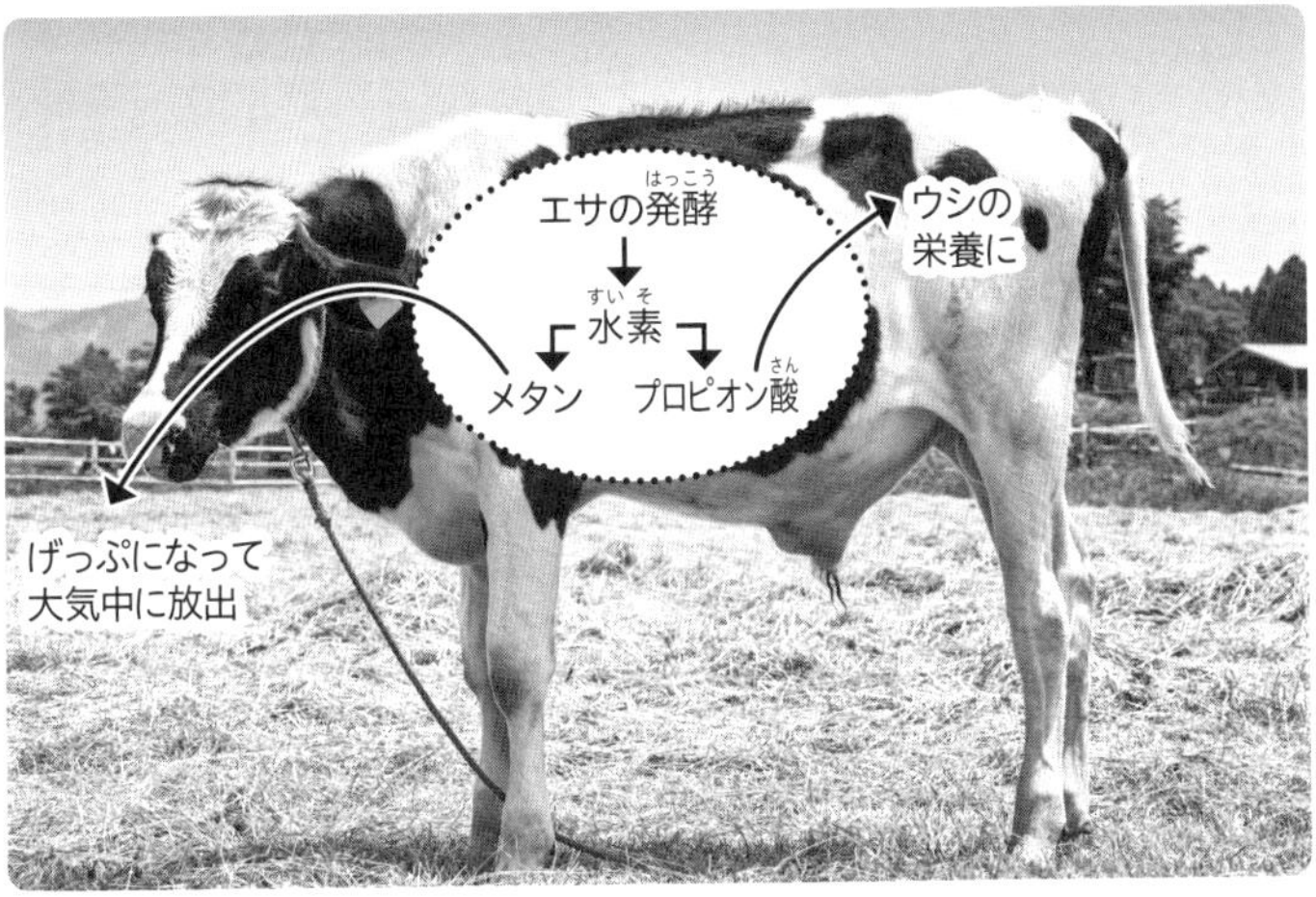

メタンは、第一胃《だいい》で微生物《びせいぶつ》がはたらくときに発生する。たとえば、体重六百キロの大人《おとな》のウシが一日に十キロのエサを食べるとすると、三百リットルのメタンが発生する計算になるという。二〇二二年のデータでは、家畜《かちく》から出されるメタンの量は、世界中で出される温室効果《おんしつこうか》ガスの量の五%になるそうだ。ヒツジやウマ、ブタなどもメタンを発生させるが、ほとんどはウシによるものだ。たった五%と思うかもしれないが、メタンは、同じ量の二酸化炭素《にさんかたんそ》の二十五倍もの温室効果《おんしつこうか》があるので深刻《しんこく》だ。

　ウシは古くから人間にとって重要な家畜《かちく》で、世界中で約十五億頭が飼育《しいく》されている。それぞれが一日に何回もげっぷをして、どれほどの量のメタンを空気中に出しているか、想像《ぞう》しただけで深刻《しんこく》さがわかるというものだ。地球温暖化《おんだんか》をおさえるためには、ウシのげっぷをなんとかへらさなくてはならない。では、どうするか。「そうだ、ウシをへらせばいい」というのは、もちろんなしだ。

いろいろな方向から、ウシのげっぷにふくまれるメタンをへらす研究がおこなわれている。まず、具体的に進められているのが、ウシに食べさせる飼料《しりょう》の開発だ。胃《い》の中の微生物《びせいぶつ》の活動をじゃませずに、メタンを発生させにくくする成分をふくむ物質《ぶっしつ》を探《さが》しだす。その成分はウシにとっても、また、牛乳《ぎゅうにゅう》や肉などを飲んだり、食べたりする人間にとっても安全でなければいけない。その成分を飼料《しりょう》にまぜて食べさせることができれば、ウシの健康を守りながら問題を解決《かいけつ》できるというわけだ。

たとえば、カシューナッツの殻《から》をしぼると出てくる液体《えきたい》には、ウシの第《だい》一胃《い》の中の環境《かんきょう》をととのえるだけでなく、メタンをへらす効果《こうか》があることがわかった。すでに、この成分をふくんだ飼料《しりょう》が製品《せいひん》として売られている。カシューナッツの殻《から》は、以前は

海藻《かいそう》のカギケノリ。

カシューナッツの実。

役に立たないものとしてすてられていたので、ごみをへらすことにもつながった。また、カギケノリという海藻《かいそう》にも、メタンの発生を大きくへらす効果《こうか》があることがあきらかになっている。カギケノリについては、養殖《ようしょく》する技術《ぎじゅつ》やウシの体への影響《えいきょう》など、さらに研究と開発が進められているそうだ。

ほかにもウシの個体《こたい》ごとに、メタンを出す量には差があることが注目されている。メタンを出す量が少ないウシを選びだし、育ててふやしていくという取り組みもはじまっている。メタンはウシの排《はい》せつ物《ぶつ》からも発生する。排《はい》せつ物《ぶつ》を適切《てきせつ》に処理《しょり》して、清潔《せいけつ》な環境《かんきょう》でウシを飼育《しいく》することも、メタンをへらす大切な取り組みだ。

ウシのげっぷからメタンをへらす研究は、少しでも早く進めてもらいたい。一方、畜産《ちくさん》の専門家《せんもんか》や研究者は、わたしたち、つまり消費者《しょうひしゃ》一人ひとりにもできることを提案《ていあん》してくれている。そのひとつは、ウシの健康と食べ物の安全を考えて畜産《ちくさん》に取り組んでいる生産者の商品を、しっかり選んで買うことだ。家畜《かちく》と食の安全に配慮《はいりょ》した商品であることをしめしたマークなどでもチェックできる。努力をしている生産者を応援《おうえん》する気持ちも大切だ。また、安い値段《ねだん》で商品が手に入るのはありがたいが、まだ食べられる食品をすててしまうフードロスも問題になっている。消費者《しょうひしゃ》がどんどん買って、結局、食べきれずにすててしまっていては、いくら対策《たいさく》を考えても追いつくはずがない。食料品店などで牛乳《ぎゅうにゅう》や肉、乳製品《にゅうせいひん》を見るときには、こういったことを少しだけ気にしてみてはどうだろうか。

共生《きょうせい》する生き物

利用しあって生き残ろう！

地球上にはわかっているだけで約二百万種の生き物がいて、さらにその何倍もの未知の生き物が存在《そんざい》するという。すべての生き物は、生態系《せいたいけい》というひとつの大きな自然環境《かんきょう》のなかで、おたがいにかかわりあいながら生存《せいぞん》競争をくり広げている。

そのなかに、自分とはちがう種の生き物を利用する「共生《きょうせい》」という生き残り作戦を選んだ生き物たちがいる。共生《きょうせい》関係には、動物同士《どうし》や植物と動物など、いろいろな組みあわせがあり、共生《きょうせい》のしかたもさまざまだ。そのいくつかを紹介《しょうかい》しよう。

まずは、共生《きょうせい》することでおたがいが得《とく》をする「相利共生《そうりきょうせい》」。

アニメ映画《えいが》でおなじみの海水魚「クマノミ」のすみかは、魚がふれると触手《しょくしゅ》からす

毒針《どくばり》に刺《さ》されることもなく、イソギンチャクの触手《しょくしゅ》の上を泳ぐクマノミの一種。

かさず無数の毒針《どくばり》が飛びだす「イソギンチャク」だ。ところが、クマノミは、この物騒《ぶっそう》なイソギンチャクのまわりを平気で泳ぎまわり、それどころか、危険《きけん》がせまると、みずから触手《しょくしゅ》のあいだにもぐりこんで身を守ってもらう。毒針《どくばり》の餌食《えじき》にならないのは、クマノミの体表が、イソギンチャクに敵《てき》と思わせない特殊《とくしゅ》な成分の粘《ねん》液《えき》でおおわれているからだ。

では、イソギンチャク側には、どんな得《とく》があるのだろうか。これには、触手《しょくしゅ》を食べにくる魚をクマノミに追いはらってもらえるとか、クマノミが食べ残したものを養分にできるなどの説がよくあげられる。クマノミが触手《しょくしゅ》のあいだを泳ぐときに、内側の水と外の新鮮《しんせん》な水が入れかわるといった効果《こうか》もあるらしい。

ところで、イソギンチャクは自分の体内に「褐虫藻《かっちゅうそう》」という藻類《そうるい》をすまわせている。イソギンチャクは、褐虫藻《かっちゅうそう》にすみかと必要な窒素《ちっそ》などを提供《ていきょう》するかわりに、褐虫藻《かっちゅうそう》が光合成をしてつくる栄養を利用させてもらっている。イソギンチャクと褐虫藻《かっちゅうそう》も「相利共生《そうりきょうせい》」の関係にあるのだ。クマノミがイソギンチャクの触手《しょくしゅ》のあいだを泳ぐと、触手《しょくしゅ》が大きく広げられる。すると、光がよく差しこむので、褐虫藻《かっちゅうそう》が光を使って光合成をしやすくなる。つまり、クマノミとイソギンチャクと褐虫藻《かっちゅうそう》という三種の生き物が、おたがいに共生《きょうせい》関係を結んでいるというわけだ。

「クロシジミ」という小型《こがた》のチョウと「クロオオアリ」の場合は、期間限定《げんてい》の共生《きょうせい》といえる。クロシジミは、夏に「アブラムシ」がいる植物を選んで卵《たまご》をうみつける。アブラムシには、おしりから甘《あま》い蜜《みつ》を分泌《ぶんぴつ》する習性《しゅうせい》があり、クロシジミは、その蜜《みつ》を目当てにクロオオアリがやってくるのを知っているかのようだ。

孵化《ふか》したクロシジミの幼虫《ようちゅう》はアブラムシの蜜《みつ》をなめて成長するが、三齢《れい》まで成長す

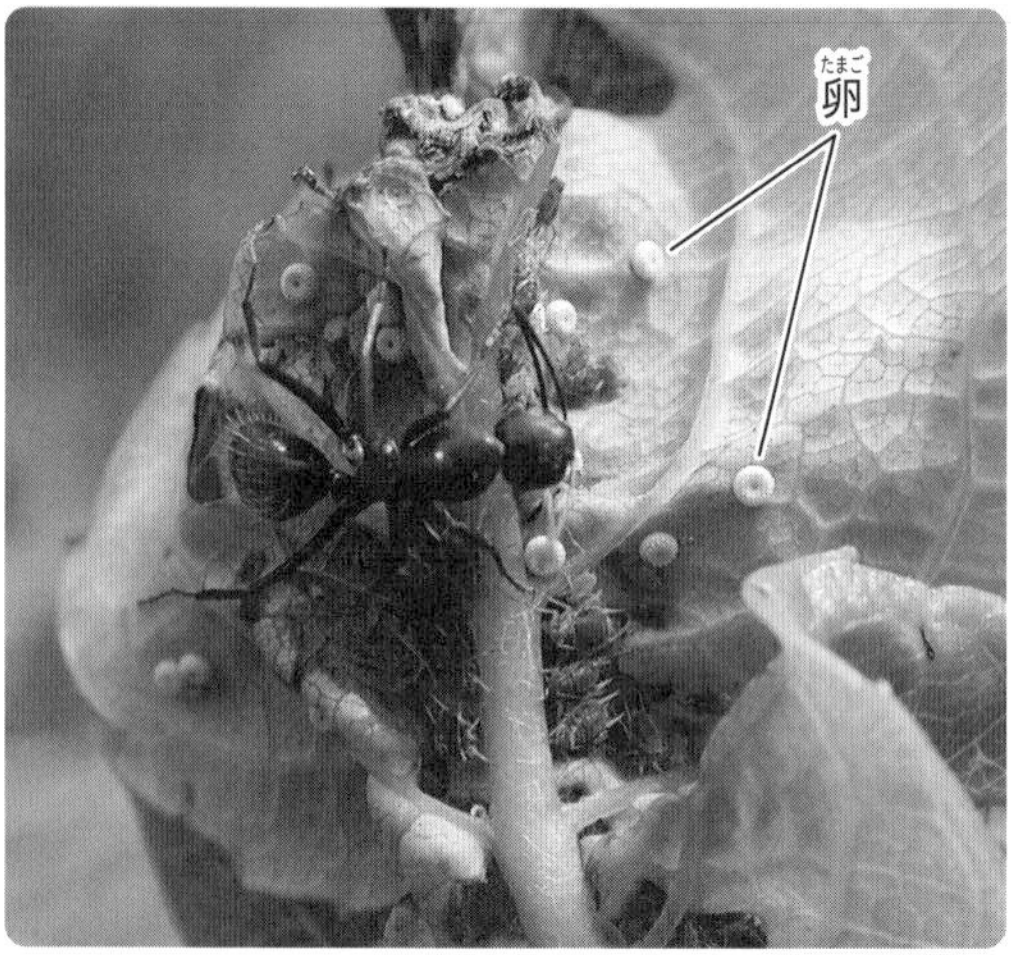

クロオオアリのいる植物の葉の裏《うら》にうみつけられたクロシジミの卵《たまご》。

ると、自分もおしりから蜜《みつ》を出すようになる。クロオオアリは、アブラムシの蜜《みつ》だけでなく、クロシジミの幼虫《ようちゅう》が出す蜜《みつ》も大好物。そこでクロオオアリは、なんと幼虫《ようちゅう》を一匹《ぴき》ずつそっとくわえて、巣に持ち帰っていくのだ。

　こうして、クロシジミの幼虫《ようちゅう》は、成虫になるまでクロオオアリの巣の中で、蜜《みつ》とひきかえにアリたちに大切に育てられる。幼虫《ようちゅう》は、巣の中では働かない身分のオスアリに似《に》たにおいを出すことで、働きアリ（メスだが、卵《たまご》をうむことはない）たちに世話をしてもらえるという。

　翌年《よくとし》の春、クロシジミは巣の出口近くで蛹《さなぎ》になり、羽化《うか》してチョウの姿《すがた》に変わると、あわて

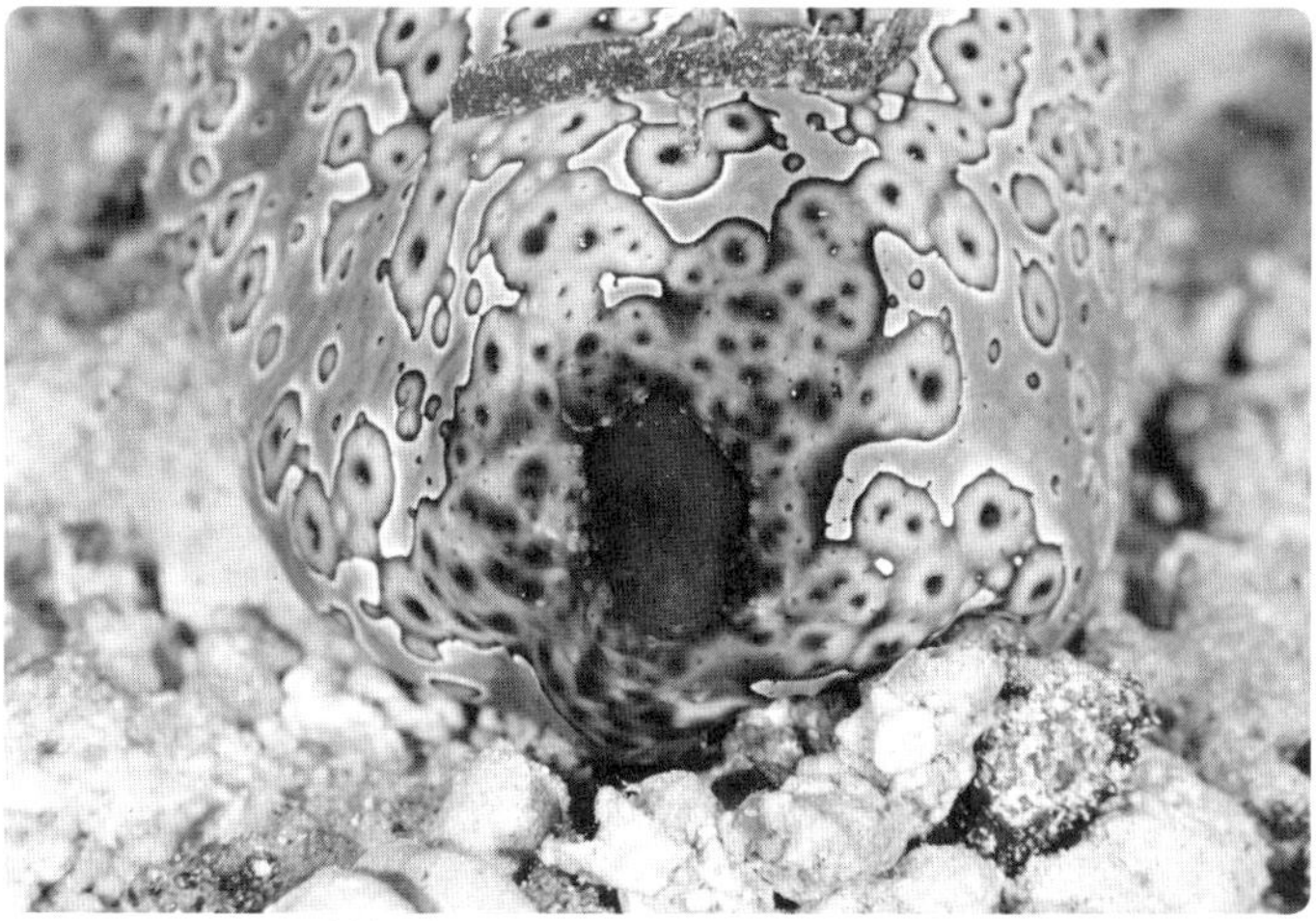

ジャノメナマコの肛門《こうもん》の奥《おく》に、カクレウオがひそんでいる。

て巣からはなれて飛び去る。これで共生《きょうせい》関係は終わりを迎《むか》える。クロオオアリにとって、成虫になったクロシジミは獲物《えもの》でしかないため、ぐずぐずしているとおそわれてしまうからだ。

つぎに紹介《しょうかい》するのは、片方《かたほう》だけが得《とく》をする「片利共生《へんりきょうせい》」。もう片方《かたほう》は、得《とく》はしないけれど、命にかかわるような害もないので、まあいいかとあきらめているのかもしれない関係だ。

片利共生《へんりきょうせい》を代表するコンビは「カクレウオ」と「ナマコ」。カクレウオは体長が二十センチほどの細長い海水魚で、お気に入りの隠《かく》れ家《が》を持つことから名づけられた。カクレウオの隠《かく》れ家《が》は、ヒトデなどと同じ棘皮《きょくひ》動物のナマコの体

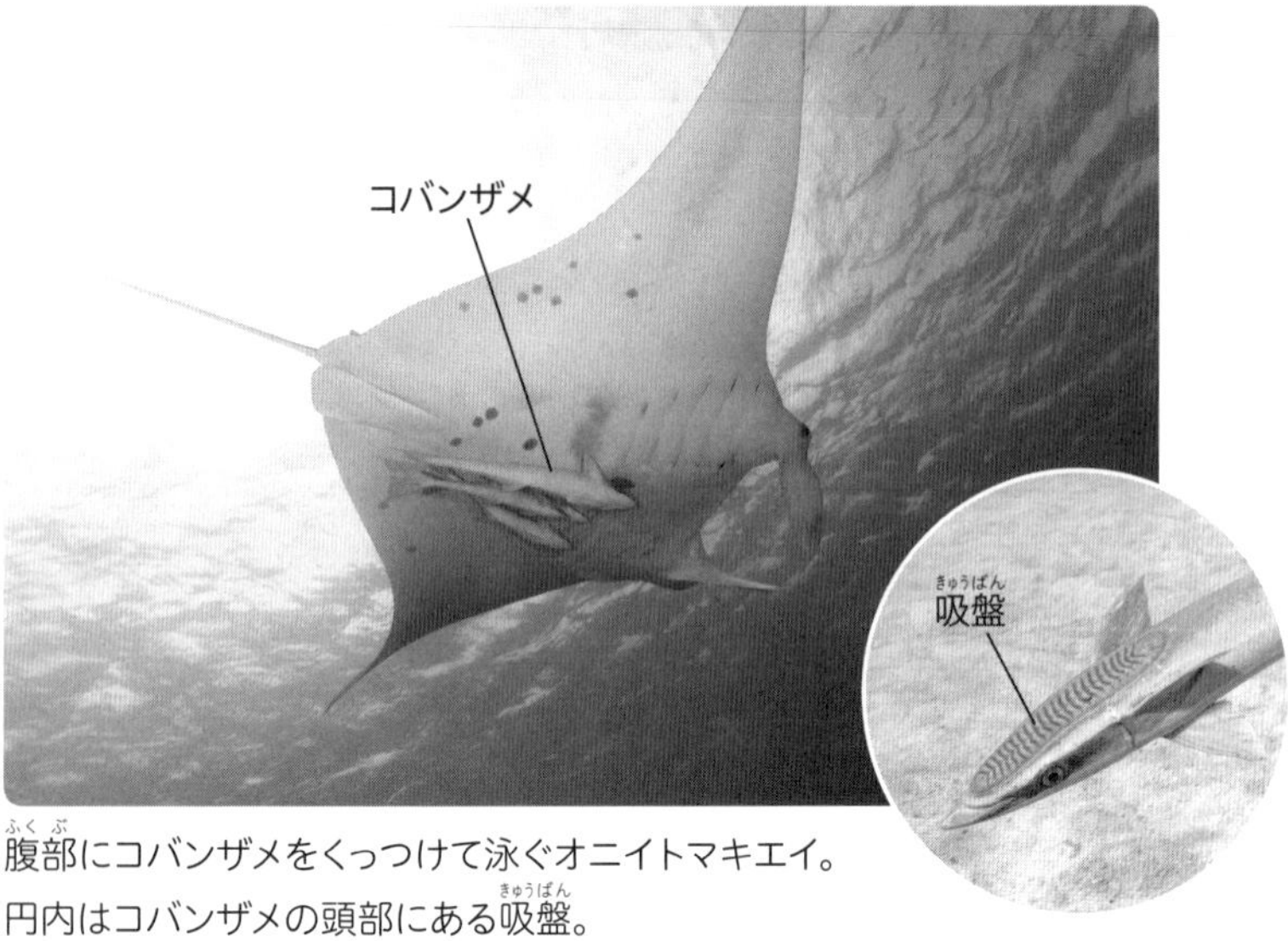

腹部《ふくぶ》にコバンザメをくっつけて泳ぐオニイトマキエイ。
円内はコバンザメの頭部にある吸盤《きゅうばん》。

の中だ。カクレウオはナマコの肛門《こうもん》から奥《おく》に入りこみ、昼間はナマコの体内ですごし、夜になると外に出てきて食べ物を探《さが》す。また、危険《きけん》を感じるとすばやく逃《に》げ帰《かえ》るなど、一日に何度も出入りする。一匹《ぴき》のナマコの体内に、数匹《すうひき》がひそんでいることさえある。ナマコにとっては、ひとつもよいことがなく、さぞや迷惑《めいわく》だろうが、とくに気にもしていないらしい。

　同じく海にすむ魚の「コバンザメ」も、片利《へんり》共生《きょうせい》で有名だ。名前の由来となった頭部にある小判《こばん》のような形の吸盤《きゅうばん》で、サメなどの大型《おおがた》魚類やウミガメなどの腹部《ふくぶ》にくっついてくらしている。自分で食べ物をとらなくても、くっついている相手がとらえた獲物《えもの》のおこぼれを食べられるので、おなかは満たされる。泳ぐ体力も使わず、敵《てき》におそわれる心配もない。コバンザメにとっては、まさに天国のようなくらしだが、やはり相手にとっては、まったく役に立つところがない。不便は感じないので、そのままくっつかせているようだ。くっついた相手の体についている寄生《きせい》虫《ちゅう》を、コバンザメが取っているという説もあるので、少しはお返しをしているのかもしれないが、それも自分のおなかを満たすためにすぎないだろう。

ちなみに、片方《かたほう》は得《とく》をするけれど、もう片方《かたほう》には害しかない関係は共生《きょうせい》ではなく、「寄生《きせい》」とよばれる。寄生《きせい》される側（宿主《しゅくしゅ》）は、寄生《きせい》されていることに気づかないまま弱っていくことも多い。相手を利用するどころか、ときには命をうばってしまうこともあるのだから、とてもおそろしい関係だ。

カマキリのおしりから、長いひものようなものが出ていることがある。その正体は「ハリガネムシ」という寄生虫《きせいちゅう》で、ムシと名がつくが、昆虫《こんちゅう》とはちがうグループの生き物だ。ハリガネムシは、水中で卵《たまご》をうみ、孵《ふ》化《か》した幼虫《ようちゅう》はカゲロウなどの幼虫《ようちゅう》に食べられ、腸《ちょう》の中にもぐりこむ。やがて羽化《うか》したカゲロウが陸にあがり、カマキリに食べられると、ハリガネムシの幼虫《ようちゅう》はカマキリの体内で成長する。そして、体の内側からカマキリをあやつって水に飛びこませ、まんまと体から抜《ぬ》けだして水中にもどるのだ。

ほかにも、意外な相手との共生《きょうせい》や驚《おどろ》くような方法で、したたかにくらす生き物が多くいる。

そういうわたしたち人間も、共生《きょうせい》する生き物のひとつだ。なにしろ、人間の体内には百兆もの微生物《びせいぶつ》がすんでいるといわれる。なぜ、そしてどうやって、生き物たちは自分とはまったく別の種との共生《きょうせい》という方法にたどり着いたのか、まだときあかされていないことも多い。

カマキリに寄生《きせい》していたハリガネムシが、おしりから出てきた。

パンダとコアラの秘密《ひみつ》

サバイバルの決め手は食べ物

動物園でも大人気の「パンダ」と「コアラ」。どちらもぬいぐるみのようなかわいさで動きもゆっくり、平和にのんびりくらしているように見える。しかし、じつは強いものだけが生き残って子孫をふやすことができるという、自然界の厳《きび》しい生存《せいぞん》競争を生きぬいてきた勇者たちだということは、あまり知られていない。そのサバイバル戦略《せんりゃく》は食べ物と深い関係がある。パンダとコアラの食べ物事情《じじょう》を紹介《しょうかい》しよう。

白黒もようの大きな体でおなじみのパンダは、中国の山岳《さんがく》地帯の森林でくらし、種の名前を「ジャイアントパンダ」という。パンダの分類は何度も議論《ぎろん》されてきたが、現在《げんざい》ではクマ科に分類されている。ＤＮＡの解析《かいせき》により、今から二千万年ほど前にク

白黒もようでおなじみのジャイアントパンダ。

マと同じ祖先《そせん》から分かれて、独特《どくとく》の進化をとげたと考えられているからだ。パンダと名がつく動物にはもう一種、小型《こがた》でアライグマに似《に》た「レッサーパンダ」がいて、こちらはレッサーパンダ科に分類される別の種だ。

クマは肉も植物も食べる雑食《ざっしょく》動物だが、パンダといえば、どっしりすわって竹を食べている姿《すがた》が思いうかぶ。パンダはなぜ、植物のなかでも繊維《せんい》が多くて食べにくい、しかも栄養も少ない竹を主食にするようになったのだろうか——。

パンダは、ライバルたちとの食べ物のうばいあいをさけて、山岳《さんがく》地帯にすむようになったといわれている。そこには、成長が早く、冬でも

パンダが細い竹をつかめる秘密《ひみつ》

5本の指と第六の指のあいだに竹をはさんでいる。

枯《か》れない竹がたくさんはえていた。「そうだ、探《さが》しまわらなくても手に入る竹を食べればいいんだ！」とひらめいたのかはわからないが、パンダは、環境《かんきょう》にあわせて自分の食べ物のこのみを変える道を選んだようだ。

ところが、竹を主食にするには二つの問題があった。ひとつは、細かい動きが苦手《にがて》なクマの前あしの仕組みでは、細い竹をうまくつかめないことだ。そこで、パンダは前あしの骨《ほね》を発達させることで、この問題を解決《かいけつ》した。一般《いっぱん》にクマの指の骨《ほね》は横に五本ならんでいて、その下に突起状《とっきじょう》の二つの骨《ほね》がある。パンダの突起《とっき》は普通《ふつう》のクマよりも大きく、外からは、こぶのように

じょうずに竹をつかんで食べるパンダ。食事についやす時間は長く、1日に10時間を超《こ》える。

見える。それが指のようなはたらきをするので、「第六の指」、「第七の指」ともよばれる。指をまげたとき、とくに第六の指が人間の親指のような役割《やくわり》をはたすため、竹をはさんでつかむことができるのだ。

もうひとつは、パンダの消化器官がクマと同じく、植物を食べるのには適《てき》さないことだ。植物は肉とくらべて消化しにくい。たとえば、ウマはあごを左右に動かして平たい歯で植物をすりつぶし、長い腸《ちょう》の中にすまわせている微生物《びせいぶつ》に消化を助けてもらっている。パンダの消化器官はクマと変わらないが、がんじょうなあごの骨《ほね》と強い筋肉《きんにく》の動きで、かたい竹をかみくだくことができる。パンダの顔がほかのクマとくらべて丸いのは、筋肉《きんにく》が発達しているからだといわれる。それでも、食べた竹の約八割《わり》は、消化されずにふんとなって出てしまう。そのため、少しでも栄養を確保《かくほ》しようとして、パンダは食《く》いしん坊《ぼう》になったのだ。なんと、一日に自分の体重の一割《わり》以上もの竹を食べる。

一方、コアラは、おなかの袋《ふくろ》（育児嚢《いくじのう》）の中で赤ちゃんを育てる有袋類《ゆうたいるい》の仲間。コアラ科に分類され、オーストラリアに広くはえるユーカリの森林でくらしている。五本ある前あしの指は三本と二本に分かれていて、木の枝《えだ》をにぎりやすい。しかも指先には、すべりどめになる指紋《しもん》もついている。コアラは、ユーカリの葉だけを食べ、木からおりることはあまりない。水分も葉からとるため、ほとんど水を飲まない。

コアラのサバイバル戦略《せんりゃく》は、主食であるユーカリと深い関係がある。ユーカリの葉には有毒《ゆうどく》な成分がふくまれているので、ほかの動物は食べようとしない。コアラの肝《かん》臓《ぞう》はその毒《どく》を分解《ぶんかい》する能力《のうりょく》が高く、二メートルもある長い盲腸《もうちょう》には、毒《どく》の分解《ぶんかい》と消化を助ける微生物《びせいぶつ》が何百万もすんでいる。ユーカリの毒《どく》に負けない消化能力《のうりょく》を身につけ

コアラの前あしの指は２本と３本に分かれているので、太い木でもしっかりつかめる。

ることで、コアラはライバルをしりぞけ、食べ物を独占《どくせん》することに成功したのだ。

コアラのうまれたての赤ちゃんのおなかには、まだ微生物《びせいぶつ》がいない。赤ちゃんが葉を食べるころになると、母親は「パップ」とよばれるやわらかい離乳食《りにゅうしょく》のようなものをおしりから出して、赤ちゃんに食べさせる。パップには母親の体内にすむ微生物《びせいぶつ》がたくさん入っているので、パップを食べた赤ちゃんのおなかに微生物《びせいぶつ》が受けつがれるというわけだ。

ユーカリには栄養が少なく、消化に時間もかかるので、コアラはたくさん食べ、一日の多くを動かずにすごす。動物園で見るコアラが寝《ね》て

ユーカリの葉を食べるコアラの親子。

ばかりいるのは、なまけているのではなく、エネルギーを節約しているのだ。

ところで、動物園では、コアラにユーカリの好ききらいがあって苦労しているという話をよく聞く。野生のコアラでも、ユーカリならどれでもよいわけではなく、数百種類の中から数種類だけを選んで食べている。コアラがこんな美食家になったのは、なぜだろうか。

ユーカリのにおいや食感、毒《どく》などは種類によってちがいがある。近年の研究で、コアラの体内にすむ微生物《びせいぶつ》の数や種類などは、そのコアラが食べるユーカリによってちがいがあることがわかった。微生物《びせいぶつ》は母親から子どもに受けつがれるので、動物園うまれのコアラでも、どうやら祖先《そせん》がすんでいたふるさとにはえる種類に近いユーカリしか食べないらしい。

パンダもコアラも、絶滅《ぜつめつ》が心配されている動物だ。野生のパンダは二千頭以下ときわめて少ない。コアラは約十万頭ともいわれるが、近年、オーストラリアでたびたび起きている森林火災《かさい》で犠牲《ぎせい》になった個体《こたい》が多く、正確《せいかく》な数は不明だ。ともに保護《ほご》活動や施設《しせつ》での繁殖《はんしょく》などもおこなわれている一方で、人間の活動による生息地の減少《げんしょう》や密猟《みつりょう》なども心配されている。

二〇二四年現在《げんざい》、日本でパンダに会える動物園は、恩賜上野《おんしうえの》動物園（東京都台東区《たいとうく》）とアドベンチャーワールド（和歌山県白浜町《わかやまけんしらはまちょう》）の二か所。コアラは、東山《ひがしやま》動植物園（愛知県名古屋市《あいちけんなごやし》）など、七か所の動物園で会うことができる。人気のある動物の生息数が減少《げんしょう》してしまい、動物園でしか出会えないようにならないためにも、みんなで野生生物を守っていきたい。

水中を〝飛ぶ〟ペンギン

空を飛ぶことをやめた鳥たち

「ペンギン」は不《ふ》思《し》議《ぎ》な鳥だ。空を飛べないだけでなく、ずんぐりした体をゆらしながら地面をヨチヨチ歩く。その姿《すがた》がかわいいということで動物園や水族館の人気者だ。しかし、かわいい見かけにだまされてはいけない。ペンギンは、いったん水の中に飛びこめば、まったく別の姿《すがた》を見せる（ただし、プールにプカプカういているときは、本気を出していない）。なぜならペンギンは、空を飛ぶかわりに、水の中を飛ぶように進化した鳥だからだ。

鳥は、大きな翼《つばさ》を動かして空気の流れをつくりだして空にうき、前に進む。翼《つばさ》を動かすのは胸《むね》についた強い筋肉《きんにく》で、胸《むね》の中心には筋肉《きんにく》をささえる竜骨突起《りゅうこつとっき》という骨《ほね》があ

水中で翼《つばさ》（フリッパー）をふりあげて泳ぐオウサマペンギン。

る。ダチョウなどのような空を飛ばない鳥は、翼《つばさ》が退化《たいか》し、竜骨突起《りゅうこつとっき》もなくなるか、または退化《たいか》している。ところが、ペンギンの胸《むね》には発達した竜骨突起《りゅうこつとっき》がしっかりとついているのだ。

ペンギンの体の横についている短い翼《つばさ》は、フリッパーとよばれる。フリッパーは一枚《まい》の板のような形でとてもかたく、空を飛ぶためにはできていない。そのかわり、胸《むね》の強い筋肉《きんにく》を使って、ボートのオールのように力強く水をかいて進む。フリッパーを動かす筋肉《きんにく》をささえているのが竜骨突起《りゅうこつとっき》だ。つまり、ペンギンは、鳥が空を飛ぶのと同じ仕組みで水の流れをつくりだし、水中を自由に飛びまわっている。翼《つばさ》が退化《たいか》したのではなく、水中で動くのにつごうがいいように進化したというわけだ。水は空気より重いので、ペンギンが水をかく力も強い。飼育係《しいくがかり》によると、フリッパーでたたかれるとかなり痛《いた》いそうだ。

ペンギンの体には、ほかにも飛ぶ鳥とはちがう特徴《とくちょう》がある。空を飛ぶには体が軽いほうがよく、鳥の骨《ほね》は中にすきまがたくさんあいている。一方、ペンギンの骨《ほね》は中身がつまっていて重く、飛ぶ鳥にくらべて体も大きくてずんぐりしている。なにしろペンギンという名前も、ラテン語の「太っている」という意味の言葉からついたといわれているくらいだ。しかし、それにはいくつかの理由がある。水中でういたりしずんだりを調整できること、体中に酸素《さんそ》をたくさんためて長く水中にもぐっていられること、丸みのある魚のような体で水の抵抗《ていこう》を受けにくいことなどだ。また、ヨチヨチ歩きは、人間

ペンギンの骨《ほね》のつくり

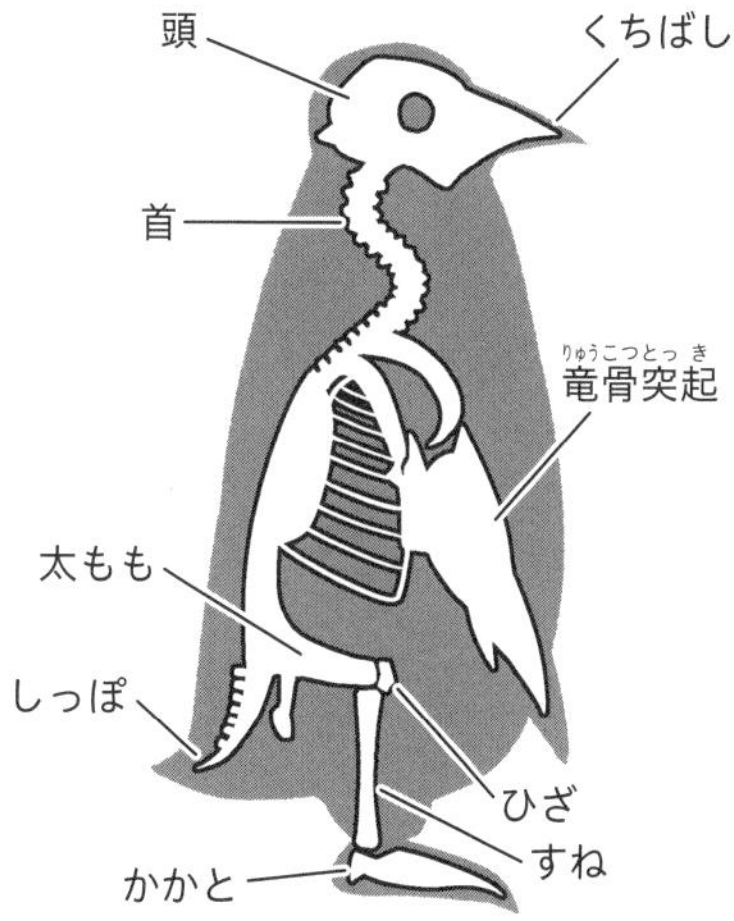

ペンギンの骨格《こっかく》。あしの骨《ほね》はひざがまがった状態《じょうたい》になっている。

にたとえると、ひざをまげた状態《じょうたい》で歩いているためだ。体から出ている部分が短いだけで、ペンギンのあしの骨《ほね》の長さは体全体の約四割《わり》もあり、本当は長いのだ。ひざをまげているのは、水の抵抗《ていこう》を受けにくくすることにも関係があるらしい。

ペンギンの祖先《そせん》は空を飛んでいた。今から六千六百万年前ごろに飛ぶ鳥と分かれて今の形に進化していったと考えられている。鳥類は世界中で約一万種が見つかっている。そのうち空を飛ばない鳥は約六十種で、さらにペンギンの仲間は十八種。ペンギンの最大の種は体長が百二十~百四十センチほどの「コウテイペンギン」だ。四千万

ロイヤルペンギン

ヒゲペンギン

フンボルトペンギン

アデリーペンギン

コガタペンギン
（フェアリーペンギン）

ハネジロペンギン

世界の18種類のペンギン

コウテイペンギン
（エンペラーペンギン）

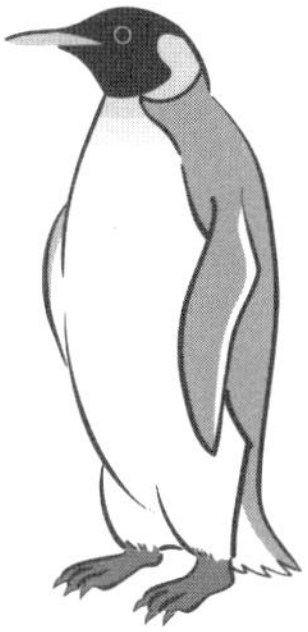
オウサマペンギン

キンメペンギン

ジェンツーペンギン

マカロニペンギン

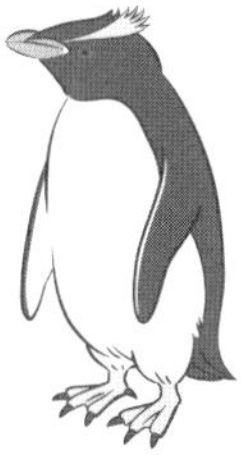
シュレーターペンギン

マゼランペンギン

ケープペンギン
（アフリカペンギン）

ハシブトペンギン

キマユペンギン

イワトビペンギン

ガラパゴスペンギン

年ほど前には、人間の大人《おとな》の背丈《せたけ》ほどもある巨大《きょだい》なペンギンがいたことが化石からわかっている。

ペンギンは、南極から赤道付近までのあいだで見られる。もっとも有名なのは、南極にすむコウテイペンギンだろう。コウテイペンギンは、気温がマイナス数十度以下に下がる真冬に、海の波打ち際《ぎわ》から数十キロもはなれた氷の上で卵《たまご》をうみ、ひなを育てることでも知られている。

コウテイペンギンのメスは、うんだ卵《たまご》をオスにあずけると、食べ物をとるために海に出かけていく。そのあいだ、氷の上で、オスは何も食べずに卵《たまご》をあしの上にのせてあたためる。孵化《ふか》したひなもおなかの下で守る。さらに、食道や胃《い》の粘膜《ねんまく》がはがれたペンギンミルクとよばれるものを出して、口うつしでひなにあたえる。二か月ほどたってメスが帰ってくるころには、オスの体重は半分近くになることもあるというから、まさに命がけの子育てだ。ひなが小さいうちはオスとメスが交代で食べ物をとりにいくが、やがて両親がそろって海にむかうようになる。そのあいだ、ペンギンのひ

あしの上にひなをのせて守るジェンツーペンギン。

なたちは「クレイシュ」という保育園《ほいくえん》のような集団《しゅうだん》をつくって留守番《るすばん》するのだ。

ひなが成長して、海でくらせるようになるまでは約七か月。そのころには、海に食べ物のオキアミなどがたくさんいる夏になる。食べ物が豊富《ほうふ》な時期にひながひとり立ちできるようにするため、厳《きび》しい真冬にわざわざ卵《たまご》をうむのだ。「アデリーペンギン」も南極でくらしているが、こちらは十月から二月の短い夏のあいだに産卵《さんらん》し、子育てをおこなう。

ペンギンは寒い場所に多くすんでいるが、気温の高い赤道直下にすむものもいる。ガラパゴス諸島《しょとう》の「ガラパゴスペンギン」だ。日中には、口をあけてイヌのようにハアハアと息をして、体内の熱を外に排出《はいしゅつ》する姿《すがた》がよく見られるという。地上は暑いけれど、島々《しまじま》をとりかこむ海には冷たい海流が流れこむため、海水温は低い。海にはたくさんの小魚もいる。ガラパゴスペンギンにとって、地上の暑さをがまんすれば居心《いごこ》地《ち》のよい環境《かんきょう》のようだ。

日本でおなじみのペンギンは、南アメリカ大陸のチリとペルーにいる「フンボルトペンギン」だ。日本の気候にあっているのか、各地の施設《しせつ》で約二千羽が飼育《しいく》されている。だが、野生のフンボルトペンギンは、生息地の減少《げんしょう》や気候変動などの影響《えいきょう》で数がへっている。フンボルトペンギンをふくめて、十八種のうちの十一種が絶滅《ぜつめつ》の危機《きき》にあるのだ。

「バイオロギング」という言葉を聞いたことがあるだろうか。動物の体に小さなデータ記録装置《そうち》をとりつけて、人間が直接《ちょくせつ》観察できない行動や生態《せいたい》などをくわしく調べる方法のことだ。ペンギンにも使われ、潜水《せんすい》の仕組みの解《かい》明《めい》や、環境《かんきょう》の変化と繁殖《はんしょく》との関係などといった研究結果が報告《ほうこく》された。バイオロギングは、ペンギンの保護《ほご》にも役立つ調査《ちょうさ》方法として期待されている。

日本の動物園でおなじみのフンボルトペンギン。

胎生《たいせい》・卵生《らんせい》・卵胎生《らんたいせい》

赤ちゃんをうむか、卵《たまご》をうむか？

うまれてまもない赤ちゃん。まだ目はほとんど見えず、歯もはえていない。

人間の一生は、〇・二ミリほどしかないたった一個《こ》の受精卵《じゅせいらん》からはじまる。

卵子《らんし》と精子《せいし》が受精《じゅせい》してできる受精卵《じゅせいらん》は、母親の体内にある子宮《しきゅう》の中で成長する。胎児《たいじ》（赤ちゃん）は、子宮《しきゅう》の壁《かべ》につくられた胎盤《たいばん》という組織《そしき》で母親とつながっていて、必要な栄養や酸《さん》素《そ》などを受けとることができる。約十か月間かけて五十センチほどにまで大きくなり、体の器

シマウマの赤ちゃんは、敵《てき》から走って逃《に》げる力をそなえてうまれるので、すぐに立ちあがれる。

官ができあがって、ようやく外に出てくるのだ。みんなのおなかにあるへそは、胎盤《たいばん》と胎児《たいじ》をつないでいた「へその緒《お》」とよばれる管《くだ》のあとだ。

受精卵《じゅせいらん》が子どもの姿《すがた》になるまで体の中で育てる仕組みを「胎生《たいせい》」といい、人間をはじめとするホ乳類《にゅうるい》の動物に見られる。体内にいる期間は種によってちがい、ハツカネズミはたったの三週間ほどだが、ゾウはうまれるまでに二年近くもかかる。

胎生《たいせい》の有利なところは、母親の体の中という安全な場所で守られて成長できることだ。たとえば、シマウマの赤ちゃんは、うまれて一時間ほどで立ちあがり、つぎの日には大人《おとな》といっしょに走ることができる。また、胎生《たいせい》の動物には、うんだあとも子どもを守る習性《しゅうせい》を持つものが多い。胎生《たいせい》は、一度に多くをうむことはできないが、少なくうんで確実《かくじつ》に育てようという作戦なのだ。

ホ乳類《にゅうるい》以外の多くの動物は、卵《たまご》の状態《じょうたい》で母親の体の外に出される。この仕組みを「卵生《らんせい》」という。鳥類やハ虫類《ちゅうるい》のようにかたい殻《から》で守られた卵《たまご》もあれば、両生類や魚類などのようにゼリー状《じょう》のやわらかい膜《まく》に包まれた卵《たまご》もある。胎生《たいせい》とちがって、母親からは栄養をもらえないが、卵《たまご》の中には成長に必要な栄養分をたくわえた卵黄《らんおう》が入っている。卵黄《らんおう》の栄養分によって卵《たまご》の中で成長し、体の器官ができあがると、いよいよ子どもや幼虫《ようちゅう》の姿《すがた》になって外に出る。それが孵化《ふか》だ。

卵生《らんせい》の方法は、動物の種によってさまざまだ。たいていの種で、親は、たくさんの卵《たまご》をまとめてうみっぱなしにして世話をしない。卵生《らんせい》は、たくさんうんで、少しでも生き残ってもらおうという作戦なのだ。たしかに、一度に数千個《こ》から数千万個《こ》、多ければ数億個《こ》もの卵《たまご》をうむ種がいるが、そのほとんどはほかの生き物に食べられたりして、うまく大人《おとな》になれるのはほんのわずか。もっとも、うんだ卵《たまご》がすべて大人《おとな》になってしまったら、数がふえすぎて生態系《せいたいけい》のバランスがくずれてしまうだろう。うみっぱなしとはいっても、敵《てき》に見つかったり、卵《たまご》がかわきすぎたりしない環境《かんきょう》な

ワニの卵《たまご》と、卵《たまご》からかえったばかりの子ワニ。ワニは卵生《らんせい》なので、卵《たまご》をうむ。

ど、うまれた子どもが生きやすい場所を選んでうみつける種もいる。たとえば、ワニの仲間には、水辺の草や泥《どろ》を集めて卵《たまご》をうむための巣をつくるものがいる。自分で卵《たまご》をあたためないかわりに、草が発酵《はっこう》するときに出る熱を利用して、孵化《ふか》するまで守らせるのだ。孵化《ふか》が近い卵《たまご》の中から子ワニの声が聞こえると、親ワニは巣を掘《ほ》りかえし、うまれた子ワニをそっとくわえて水辺に運ぶ。ちなみに、ワニの性別《せいべつ》は卵《たまご》をあたためる温度で決まる。ミシシッピワニ（アメリカアリゲーター）の場合は、三三度ならオス、三一・五度以下ならメスがうまれるという。

胎生《たいせい》と卵生《らんせい》の中間の仕組みを持つ動物もいる。

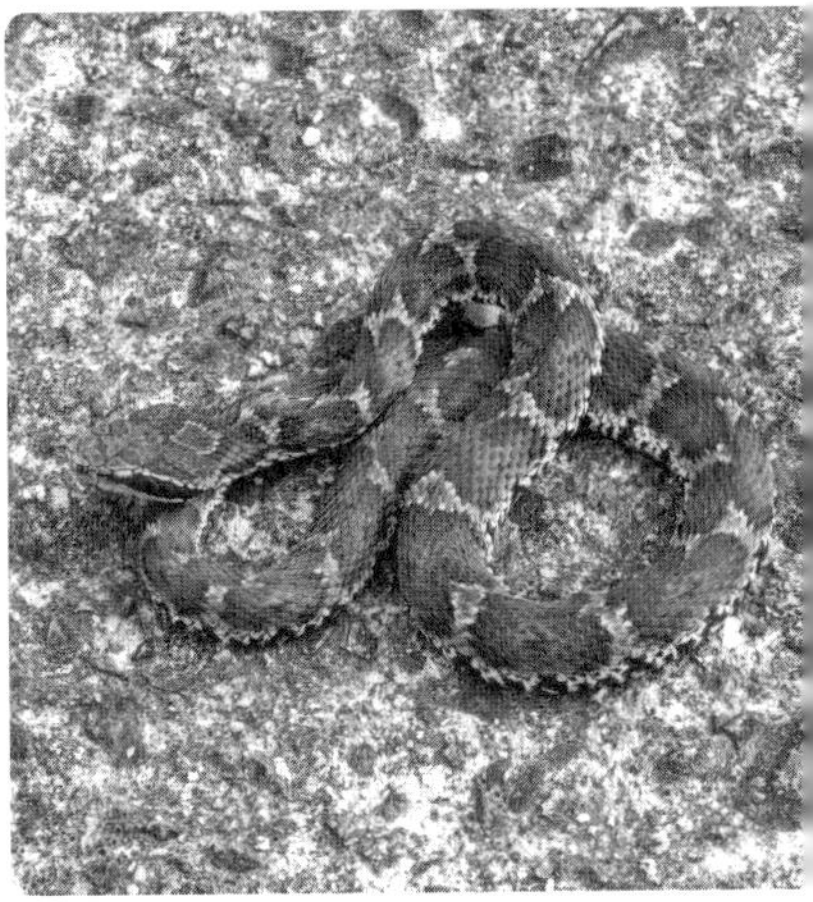

最大の魚類のジンベエザメ（左）。捕獲《ほかく》されたジンベエザメの体内から、300匹《びき》もの子ザメが見つかったこともある。ニホンマムシ（右）は子ヘビをうむ。

卵《たまご》が母親の体内で孵化《ふか》して、子どもの姿《すがた》になってから外に出てくる「卵胎生《らんたいせい》」だ。ホ乳類《にゅうるい》以外で子どもをうむ動物は意外に多い。サメなどの軟骨《なんこつ》魚類は七割《わり》、ハ虫類《ちゅうるい》も二割《わり》が子どもをうむ。水族館で人気のジンベエザメや、身近なところでは日本にすむマムシ（ニホンマムシ）がそうだ。卵胎生《らんたいせい》が胎生《たいせい》とちがうのは、母親から栄養をもらうのではなく、卵《たまご》の卵黄《らんおう》の栄養分によって成長すること。卵生《らんせい》とのちがいは、子どもの姿《すがた》になるまで母親の体内で守られて成長することだといわれてきた。

ところが、研究が進むにつれ、卵胎生《らんたいせい》では説明しきれないことがいろいろわかってきた。今では、卵胎生《らんたいせい》という言葉は使わないという考え方もある。

巣の中で卵《たまご》を守るカイツブリ。鳥は卵《らん》生《せい》なので、卵《たまご》をうむ。

栄養源《えいようげん》は卵黄《らんおう》だけでなく、ホ乳類《にゅうるい》のような胎盤《たいばん》をつくって、体の中の胎児《たいじ》に栄養を送る種もいる。ミルクのようなものを出して、胎児《たいじ》にあたえる種もいる。サメのなかには、先に孵化《ふか》した子ザメが、ほかの卵《たまご》を食べて栄養にしてしまう種までいるのだから驚《おどろ》きだ。

　トカゲの仲間もなかなか興味深《きょうみぶか》い。同じ種なのに、寒い地域《ちいき》では長く体内で守られる胎生《たいせい》に、暖《あたた》かい地域《ちいき》では卵生《らんせい》になる傾向《けいこう》があるという説がある。また、敵《てき》から逃《に》げるよりもかくれるのが得意《とくい》で、体が重くなってもあまりこまらない種では、卵生《らんせい》から胎生《たいせい》に進化しやすいのではないかという研究結果も発表されている。

　ところで、鳥類は、今から六千六百万年ほど前まで地球上でさかえた恐竜《きょうりゅう》から進化した。恐竜《きょうりゅう》はハ虫類《ちゅうるい》で卵生《らんせい》だったと考えられていて、その子孫である鳥も卵生《らんせい》だ。鳥は、一度に産卵《さんらん》する数がとても少ない。ほとんどの種がうんだ卵《たまご》を孵化《ふか》するまであたためるし、うまれたひなを敵《てき》から守り、食べ物を運んで大切に育てる。それなら胎生《たいせい》に進化してもよさそうなものだが、今のところ胎生《たいせい》の鳥は見つかっていない。鳥が卵《らん》生《せい》である理由は、おなかに卵《たまご》をかかえていては空を飛ぶときに体が重くて不便だからという説が有力だ。もしかしたら将来《しょうらい》、たとえば空を飛ばない鳥のなかから、胎生《たいせい》の仕組みを持つように進化したものがあらわれるかもしれない。

じつは、ホ乳類《にゅうるい》にも卵《たまご》をうむものがいる。単孔類《たんこうるい》とよばれるグループのカモノハシとハリモグラだ。孵化《ふか》した子どもを母乳《ぼにゅう》で育てることから、ホ乳類《にゅうるい》に分類されている。ハ虫類《ちゅうるい》と似《に》た体の特徴《とくちょう》を持ち、こちらもハ虫類《ちゅうるい》からホ乳類《にゅうるい》への進化の歴史《れきし》をときあかす存在《そんざい》と考えられている。

カモノハシは、カモのようなくちばしを持つ不《ふ》思議《しぎ》なホ乳類《にゅうるい》だ。普通《ふつう》は2個《こ》の卵《たまご》をうんであたためる。

生き物の脱皮《だっぴ》と変態《へんたい》

成長しよう、着《き》替《が》えよう！

生き物には、基本的《きほんてき》な体のつくりは大人《おとな》と変わらないが、未熟《みじゅく》な状態《じょうたい》でうまれてくるものがいる。人間もそうだ。それとは別に、姿《すがた》も体の仕組みも、大人《おとな》とちがってうまれてくるものもいる。昆虫《こんちゅう》や両生類などがそうだ。スタートラインは生き物の種類によってさまざまで、成長のしかたもちがう。

ところで、生き物の成長とは、どういうことだろうか。もちろん、生き物の成長は一個《こ》の風船をふくらませるのとはわけがちがう。体をつくっている細胞《さいぼう》がどんどん分かれてふえていき、一つひとつの細胞《さいぼう》も大きくなる。すると、体が大きくなり、体の複雑《ふくざつ》な仕組みもつくられていくのだ。

人間のように体の内側に骨《ほね》（内骨格《ないこっかく》という）がある生き物は、成長するときに、外

側にむかって体を大きくすることができる。体の表面をおおう表皮はやわらかいし、骨《ほね》もほかの細胞《さいぼう》もいっしょに成長するからだ。

一方、昆虫《こんちゅう》のように、体の外側がかたい殻《から》（外骨格《がいこっかく》という）でおおわれている生き物は、人間のように外にむかって成長できない。体が大きくなると、それまで着ていた服がきゅうくつになるのと同じだ。成長するためには、きゅうくつになってしまった服を脱《ぬ》いで、ひとまわり大きなサイズの服に着替《きが》えなくてはならない。それが「脱皮《だっぴ》」だ。脱皮《だっぴ》をした直後は、体がまだやわらかい。やわらかいうちに、体を大きくすることができるというわけだ。

昆虫《こんちゅう》の幼虫《ようちゅう》は、脱皮《だっぴ》をくりかえして、少しずつ成長していく。脱皮《だっぴ》する回数は、昆虫《こんちゅう》の種類によってちがい、なかには、トンボの幼虫《ようちゅう》（ヤゴという）のように十回前後も脱皮《だっぴ》して成長するものもいる。何度か脱皮《だっぴ》したあと、いよいよ成虫になるための最後の脱皮《だっぴ》のときがくる。脱皮《だっぴ》をして成虫になることを「羽化《うか》」といい、このとき、大きく姿《すがた》や体の仕組みが変わるのが「変態《へんたい》」だ。

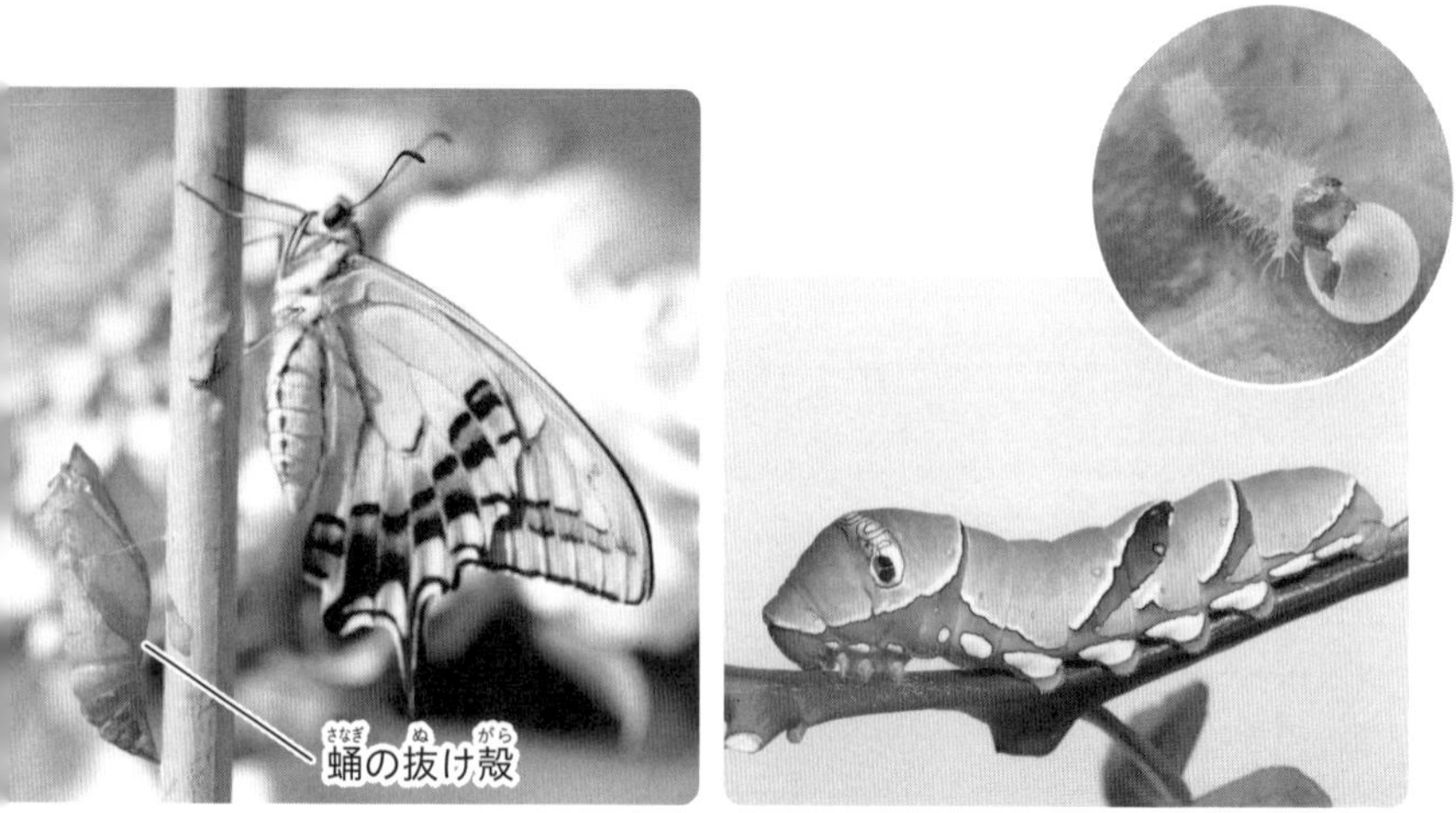

ナミアゲハの終齢幼虫《しゅうれいようちゅう》（右）と孵化《ふか》したばかりの幼虫《ようちゅう》（円内）。左は、蛹《さなぎ》から羽化《うか》した成虫。

　昆虫《こんちゅう》の変態《へんたい》は大きく「完全変態《へんたい》」と「不完全変態《へんたい》」の二つに分けられる。

　完全変態《へんたい》は、成虫とはまったくちがう姿《すがた》の幼虫《ようちゅう》で卵《たまご》からかえり、幼虫《ようちゅう》から蛹《さなぎ》になるという特徴《とくちょう》がある。この変化を「蛹化《ようか》」とよぶ。蛹《さなぎ》は動かずに、内側では幼虫《ようちゅう》から成虫の体につくりかえる作業がおこなわれている。それから最後の脱皮《だっぴ》で成虫になる。完全変態《へんたい》の昆虫《こんちゅう》には、チョウやハチ、カブトムシの仲間などがいる。これらの昆虫《こんちゅう》は、幼虫《ようちゅう》のうちに何回か脱皮《だっぴ》する。外側の皮がやわらかいのに、なぜ脱皮《だっぴ》するのだろうか。たとえば、イモムシの体は皮で守られているが、モリモリ食べて大きくなるので、やは

完全変態《へんたい》と不完全変態《へんたい》の成長サイクル

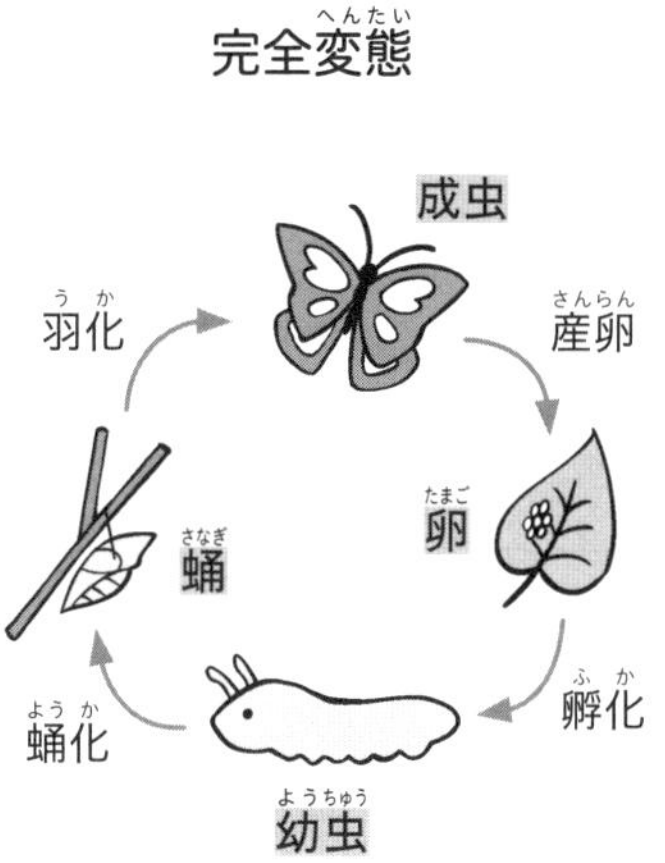

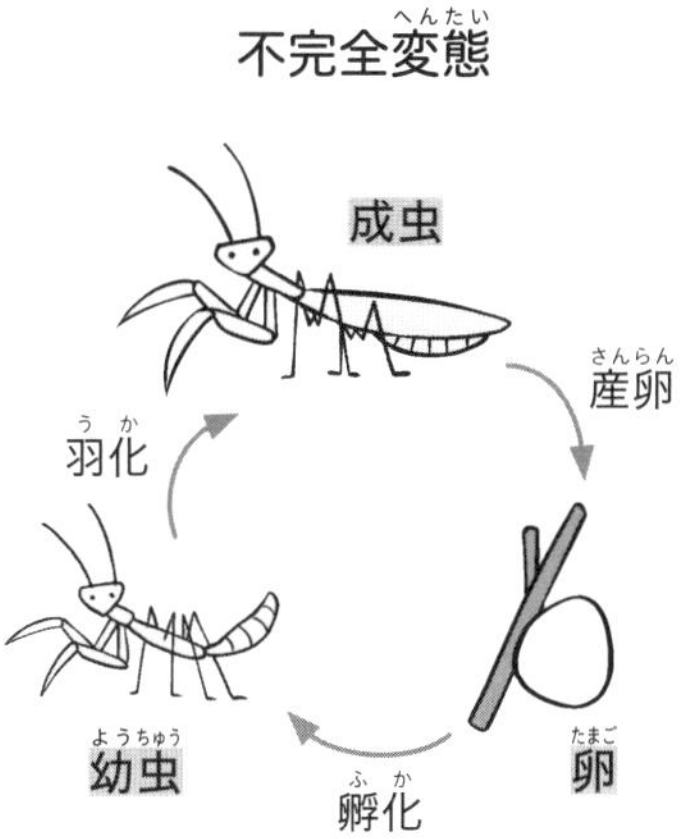

り皮がきゅうくつになってしまうらしい。

不完全変態《へんたい》は、成虫とやや似《に》た姿《すがた》で卵《たまご》からかえる。幼虫《ようちゅう》のうちに脱皮《だっぴ》をくりかえして大きくなり、最後の脱皮《だっぴ》で成虫になる。不完全変態《へんたい》の昆虫《こんちゅう》には、トンボやセミ、カマキリ、バッタの仲間などがいる。

成虫は昆虫《こんちゅう》の完成形といえる姿《すがた》なので、それ以上は脱皮《だっぴ》をしない。ただし、脱皮《だっぴ》をくりかえして成長しつづける昆虫《こんちゅう》も少しだけいる。成虫と幼虫《ようちゅう》がほとんど同じ姿《すがた》のシミの仲間は、脱皮《だっぴ》で体が大きくなる。これは「無変態《むへんたい》」とよばれる。

昆虫《こんちゅう》の脱皮《だっぴ》と変態《へんたい》には、体のはたらきを調整するホルモンという物質《ぶっしつ》が関係していることが、

ショウリョウバッタの幼虫《ようちゅう》（右）と成虫。姿《すがた》は似《に》ているが、幼虫《ようちゅう》のはねはまだ小さい。

研究によりあきらかになっている。昆虫《こんちゅう》が農作物に害をあたえることがあるため、これらのホルモンのはたらきを利用して、ほかの生き物や人間には害がなく、特定の害虫にだけ効果《こうか》のある農薬の開発も進められている。

両生類も変態《へんたい》をする生き物だ。たとえば、オタマジャクシはカエルの子どもだが、親とは姿《すがた》もくらし方もちがう。子ども時代はえら呼吸《こきゅう》をして水中でくらすが、カエルに変態《へんたい》すると、陸上でもくらせる肺呼吸《はいこきゅう》に切りかわる。脊椎《せきつい》動物のなかで、変態《へんたい》をする生き物は両生類のほかには知られていない。

脱皮《だっぴ》をする生き物には、ハ虫類《ちゅうるい》や両生類、エビやカニの仲間などがいる。エビやカニなどは、昆虫《こんちゅう》と同じくかたい外骨格《がいこっかく》を持っているので、成長するときにきゅうくつになった皮を脱《ぬ》ぎすてる。水族館などでは、きれいに脱皮《だっぴ》したあとの白っぽい抜《ぬ》け殻《がら》が水槽内《すいそうない》に残っていることがある。それを見たお客さんが、カニが死んでいると心配することもあるそうだ。両生類の場合は、脱皮《だっぴ》したあとの抜《ぬ》け殻《がら》を食べてしまうことが多いので、目にすることはほとんどないらしい。

ハ虫類《ちゅうるい》と両生類は、成長して大人《おとな》になってからも何度も脱皮《だっぴ》をする。その理由は、おもに体をきれいにするためだ。わたしたちが風呂《ふろ》に入って体をこすり、あかを落とすのと同じようなことかもしれない。同時に、体についていた寄生虫《きせいちゅう》なども落とすことができる。

ハ虫類《ちゅうるい》は、古くなったうろこを脱《ぬ》ぎすてて、その下

脱皮後《だっぴご》のカニ（左）と脱皮殻《だっぴがら》。右の脱皮殻《だっぴがら》はやや小さく、白っぽい。

につくられた新しいうろこと入れかえる。脱皮《だっぴ》の時期が近づくと古いうろこがうきあがり、はがれ落ちることもある。ヘビの場合は、靴下《くつした》を裏返《うらがえ》しに脱《ぬ》ぐように、口からしっぽの先まで全身がきれいに脱皮《だっぴ》する。脱皮《だっぴ》の時期が近づくと、ヘビの目が真っ白になる。それは、目の表面を守る透明《とうめい》なうろこも同時に脱皮《だっぴ》するからだ。

生き物は、脱皮《だっぴ》をしている最中と、脱皮《だっぴ》直後のまだ体がやわらかいうちは、敵《てき》におそわれるなどの危険《きけん》がせまっても身を守ることができない。脱皮《だっぴ》に失敗して死んでしまうこともある。夏になると、木の幹《みき》などにいくつもセミの抜《ぬ》け殻《がら》がくっついていることがあるが、うまく体を抜《ぬ》けだせないままで死んだセミを見たことがある人もいるだろう。脱皮《だっぴ》は、簡単《かんたん》そうに見えるけれど、じつは命がけの行為《こうい》なのだ。

脱皮《だっぴ》したヘビの全身の抜《ぬ》け殻《がら》。

チョウと蛾《が》の区別

どれがチョウで、どれが蛾《が》なの？

「チョウと蛾《が》は、どこがちがうの？　どこで区別するの？」

これは、虫の専門家《せんもんか》がたずねられてこまってしまう質問《しつもん》だという。チョウと蛾《が》の見分け方とされるポイントについては、いくつか知られている。ひとつずつ確《たし》かめてみよう。その前に、少しだけおさらいをしておくとポイントがわかりやすい。

チョウと蛾《が》は、ともにチョウ目《もく》という同じグループに分類されている昆虫《こんちゅう》だ。だから、よく似《に》ていても不思議《ふしぎ》はない。大きな特徴《とくちょう》は以下のとおりだ。毛が変化した鱗粉《りんぷん》におおわれた大きな四枚《まい》のはねを持つこと。いろいろな色の鱗粉《りんぷん》がびっしりとかさなりあうようにならんで、複雑《ふくざつ》なもようをつくりだしていること。また、ストローのよ

キアゲハの鱗粉《りんぷん》。うろこのような鱗粉《りんぷん》がならんで、もようをつくりだしている。

うな細長い口をのばして、花の蜜《みつ》や樹液《じゅえき》などを吸《す》うこと。頭には大きな複眼《ふくがん》があり、長い触角《しょっかく》が目立つこと。

チョウ目《もく》の昆虫《こんちゅう》は、世界中の熱帯から寒帯まで約十六万種が知られている。驚《おどろ》くことに、そのうち、チョウはたった二万種ほどで、ほとんどが蛾《が》の仲間なのだ。日本にはチョウ目《もく》の昆虫《こんちゅう》が六千五百種以上いるが、チョウは二百五十種程度《ていど》と、やはり蛾《が》のほうが圧倒的《あっとうてき》に多い。

花から花へと飛びまわるチョウは、大人《おとな》にも子どもにも人気がある。「アゲハチョウ」や「モンシロチョウ」など、よく名前の知られたチョウも多い。それにくらべて、蛾《が》を見たときに、

昼間に活動する蛾《が》の一種、オオスカシバ。

パッと名前をあてられる人はほとんどいないだろう。しかし、昆虫《こんちゅう》の世界では、種の数が多い蛾《が》のほうが主役といえるようだ。

さて、チョウと蛾《が》を見分けるポイントとされる一つめは活動時間だ。チョウは昼間に活動する昼行性《ちゅうこうせい》で、蛾《が》は夜間に活動する夜行性《やこうせい》というちがいがある。たしかにチョウは、多くが昼行《ちゅうこう》性《せい》で、蛾《が》の多くは夜行性《やこうせい》だが、夜に飛ぶチョウもいるし、昼間に蜜《みつ》を吸《す》う蛾《が》もいる。

二つめは、はねを閉《と》じてとまるのがチョウで、広げてとまるのが蛾《が》ということだ。実際《じっさい》、はねを広げて、壁《かべ》などにぺったりはりつくようにとまる蛾《が》をよく見かける。ところが、タテハチョ

ナミアゲハ（右）の触角《しょっかく》は、先端《せんたん》が丸くなっている。ヒメヤママユ（左）の触角《しょっかく》は、鳥の羽のようにフサフサして広がっている。

ウの仲間など、はねを広げてとまるチョウもたくさんいる。ふだんははねを閉《と》じてとまるチョウが広げていることもあるが、これは日光を浴びて体をあたためるためだ。

三つめは触角《しょっかく》の形。チョウの触角《しょっかく》はまっすぐで先が太いこん棒型《ぼうがた》で、蛾《が》の触角《しょっかく》は鳥の羽のように広がった形のものが多い。残念ながら、これにも例外がたくさんある。

では、四つめとして、幼虫《ようちゅう》の姿《すがた》をくらべてみよう。チョウの幼虫《ようちゅう》はイモムシで、蛾《が》の幼虫《ようちゅう》は毛虫だろうか。これも残念だが、毛虫型《けむしがた》のチョウもいれば、イモムシ型《がた》の蛾《が》もたくさんいる。

ちなみに、蛾《が》の幼虫《ようちゅう》のなかには毛に毒《どく》を持つも

木の幹《みき》にとまるキノカワガ。木の皮とはねの区別がつかないほど地味《じみ》で、まさに「木の皮蛾《きかわが》」といえる。

のがいるので、見分けがつかない毛虫を素手《すで》でさわってはいけない。

五つめとして、きれいなはねを持つのがチョウで、地味《じみ》な色のはねを持つのが蛾《が》といわれることもある。きれいかどうかは人それぞれの感じ方によるが、この区別も正しいとはいえない。チョウのなかにも、はねが蛾《が》のように地味《じみ》で目立たないものがいるし、派手《はで》なもようや、きれいな色のはねを持つ蛾《が》もたくさんいる。「オオムラサキ」や「コノハチョウ」のように、はねの表と裏《うら》で色やもようがちがうチョウもいる。

蛾《が》の特徴《とくちょう》といえるものとして、後ろばねの根元にトゲのようなものを持つ種が多い。トゲが前ばねと後ろばねをつなげていっしょに動かす仕組みだ。ただし、このポイントも絶対《ぜったい》とはいえない。

つまり、今のところ「チョウと蛾《が》を区別するポイントはこれだ」と明確《めいかく》にいえるものはないというのが正解《せいかい》だ。どのポイントも、区別の決め手になるほどではないのだ。どうしても見分けたいときは、シロチョウ科、ヤママユガ科など、科の分類の特徴《とくちょう》で確《たし》かめるのがまちがいないようだ。ちなみに、日本では「チョウ」と「蛾《が》」という呼《よ》び名《な》があるが、ドイツなどのように、とくに区別していない国もある。

ところで、蛾《が》は地味《じみ》だとか、大きく広がった触角《しょっかく》が気持ち悪いなどときらわれがちだ。たしかに蛾《が》には、茶色や灰色《はいいろ》などの目立たない色のものが多いが、それにはちゃんとした理由がある。蛾《が》の多くは夜行性《やこうせい》だ。あたりが暗い夜に、目立つ色やもようのはねを持っていてもあまり意味がない。反対に、地味《じみ》な色は保護色《ほごしょく》となって昼間に目立たないので、じっとしていれば敵《てき》に見つかりにくい。もちろん、チョウに負けないほど美しい蛾《が》もたくさんいる。たとえば、「オオミズアオ」は、大きな薄緑色《うすみどりいろ》のはね

オオミズアオは、左右のはねを広げると長さ12cmになる大型《おおがた》の蛾《が》。

を広げて飛ぶ優雅《ゆうが》な姿《すがた》から、「森の貴婦人《きふじん》」とよばれている。

大きな触角《しょっかく》も、蛾《が》にとってはなくてはならないものだ。暗やみではにおいがたよりになり、蛾《が》の触角《しょっかく》には、においを感じとる仕組みがそなわっている。オスは、メスが出す特殊《とくしゅ》なにおい（フェロモン）を感じとって、はなれた場所にいても探《さが》しあてる。『ファーブル昆虫記《こんちゅうき》』で知られるファーブルも、今から百年以上前に、メスの蛾《が》を使ってフェロモンの実験をおこなった記録がある。昼間に活動する蛾《が》にもフェロモンを出す種がいるが、チョウは、触覚《しょっかく》でフェロモンを感じとるのではなく、目を使ってメスを

シャクガモドキ

探《さが》す。

最後におもしろい例を紹介《しょうかい》しよう。中南米に「シャクガモドキ」というチョウがいる。見た目は「シャクガ」という蛾《が》に似《に》ていて夜行性《やこうせい》であることなどから、以前は蛾《が》の仲間だと思われていた。ところが、DNAの解析《かいせき》によって、シャクガモドキはチョウの仲間だということがあきらかになったのだ。

これからさらに研究が進めば、チョウと蛾《が》の進化の道すじや進化の分かれ道なども、くわしくわかってくるだろう。

大発生する周期ゼミ

地上に出るのは、さあ今だ!!

二〇二四年五月、アメリカ中西部のイリノイ州を中心に起こったあるできごとが、世界の注目を集めた。なんと、わずか数日のあいだに一兆匹《ちょうひき》ともいわれる大量のセミが一気に地上に姿《すがた》をあらわしたのだ。街中のどこもかしこもセミだらけ。晴れた日にいっせいに鳴くと、飛行機のジェットエンジン並《な》みの騒音《そうおん》となり、話し声も聞こえないありさまだった。

これらのセミの正体は、アメリカとカナダに生息する「周期ゼミ」とよばれる仲間だ。その名のとおり周期的に発生するセミで、十七年に一度だけ大発生する三種の「ジュウシチネンゼミ」と、十三年に一度だけ大発生する四種の「ジュウサンネンゼミ」

がいる。どちらも大発生する周期が素数《そすう》（一とその数だけでわりきれる数字）なので「素数《そすう》ゼミ」ともいう。周期ゼミは、すむ地域《ちいき》ごとの集団《しゅうだん》があり、大発生する年もそれぞれだが、二〇二四年はとなりあう地域《ちいき》のジュウシチネンゼミとジュウサンネンゼ

異様《いよう》なほどたくさんの周期ゼミが、木にむらがっている。

ミの周期がかさなったため、二百二十一年ぶりのダブル大発生となって、想像《そうぞう》を超《こ》えた数になってしまったというわけだ。

どちらのセミも体長は約三センチと小さく、赤い目とオレンジ色のすきとおったはねが特徴《とくちょう》。日本のチッチゼミに近い種だ。

ところで、セミは、夏にあらわれて秋には死んでしまうので、寿命《じゅみょう》の短い昆虫《こんちゅう》のように思えるが、じつは地上で見る姿《すがた》はセミの一生のなかでもほんの一部にすぎない。夏、オスと交尾《こうび》したメスは、腹部《ふくぶ》の産卵管《さんらんかん》を木に突《つ》き刺《さ》して卵《たまご》をうみつける。卵《たまご》はそのまま冬を越《こ》してから、孵化《ふか》して幼虫《ようちゅう》になり、幼虫《ようちゅう》は木からおりて土の中にもぐりこむ。そして、地下で木の根から栄養分を吸《す》って成長していく。たとえば、アブラゼミなら五年ほどかけて成長し、十分に育った年の夏に地上に出て、ようやく羽化《うか》して成虫になる。成虫になってからの命は長くても一か月。その短いあいだに交尾《こうび》をして卵《たまご》をうみ、つぎの世代に子孫を残すのだ。

それにしても、なぜ周期ゼミは、とび抜《ぬ》けて長い十数年間も幼虫《ようちゅう》時代をすごすのだろう。そして、なぜいっせいに地上に出てくるのだろう。

その理由は、今から約二百万年前にあった北アメリカ大陸の氷河期《ひょうがき》と関係があるようだ。寒い気候がつづいて植物の成長が遅《おそ》くなり、木の栄養分をもらって育つセミの

周期ゼミの幼虫《ようちゅう》が木にはいあがって、つぎつぎと羽化《うか》するようす。

成長スピードも、それにあわせて遅《おそ》くなっていった。また、せっかく地上に出てきても、時期がバラバラでは交尾《こうび》する相手を見つけることができない。そこで、同じ周期で大発生するようになったと考えられている。

十七年、十三年という素数《そすう》の周期で大発生する理由は、子孫を残しやすいからだ。発生する周期のちがう種のオスとメスが出会って交尾《こうび》をすると、子どもは親と周期がずれていって、やがて同じ周期のセミの数をへらしてしまう。発生する周期が同じ種のオスとメスが地上に出て交尾《こうび》をすれば、うまく自分たちの子孫を残すことができる。研究者が計算してみたところ、周期が素数《そすう》のセミは、それ以外の周期の種と出会う機会がとても少ないことがわかったという。

最大のなぞは、周期ゼミがどうやって十七年めや十三年めを知るのかということだろう。このなぞについて新しい説がある。研究者のあいだでは、周期ゼミのなかに仲間と四年ずれて羽化《うか》してしまう「はぐれゼミ」がいることが知られている。さらに、土の中を掘《ほ》りかえして幼虫《ようちゅう》の成長のようすを観察するなどしたところ、どうやら周期

セミの羽化《うか》。幼虫《ようちゅう》の背中《せなか》がわれて、真っ白な成虫があらわれる。

ゼミには、四年ごとに自分の成長を確《たし》かめるポイントがあるのではないかという仮説《かせつ》がうまれた。ジュウシチネンゼミなら、四年ごとの四回めのチェックポイントで、セミの体重がある重さを超《こ》えると、つぎの年に羽化《うか》するという仕組みだ。チェックポイントがいつなのかなど、まだわかっていないことも多いが、もし証明《しょうめい》できれば、周期ゼミのなぞをとく重要な手がかりになるだろう。

さて、地面のあちらこちらから顔を出した幼《よう》虫《ちゅう》たちは、羽化《うか》する場所を探《さが》して木の幹《みき》や葉、雑草《ざっそう》、家の壁《かべ》など、いたるところをわらわらとよじのぼっていく。途中《とちゅう》でじゃまされたり、地

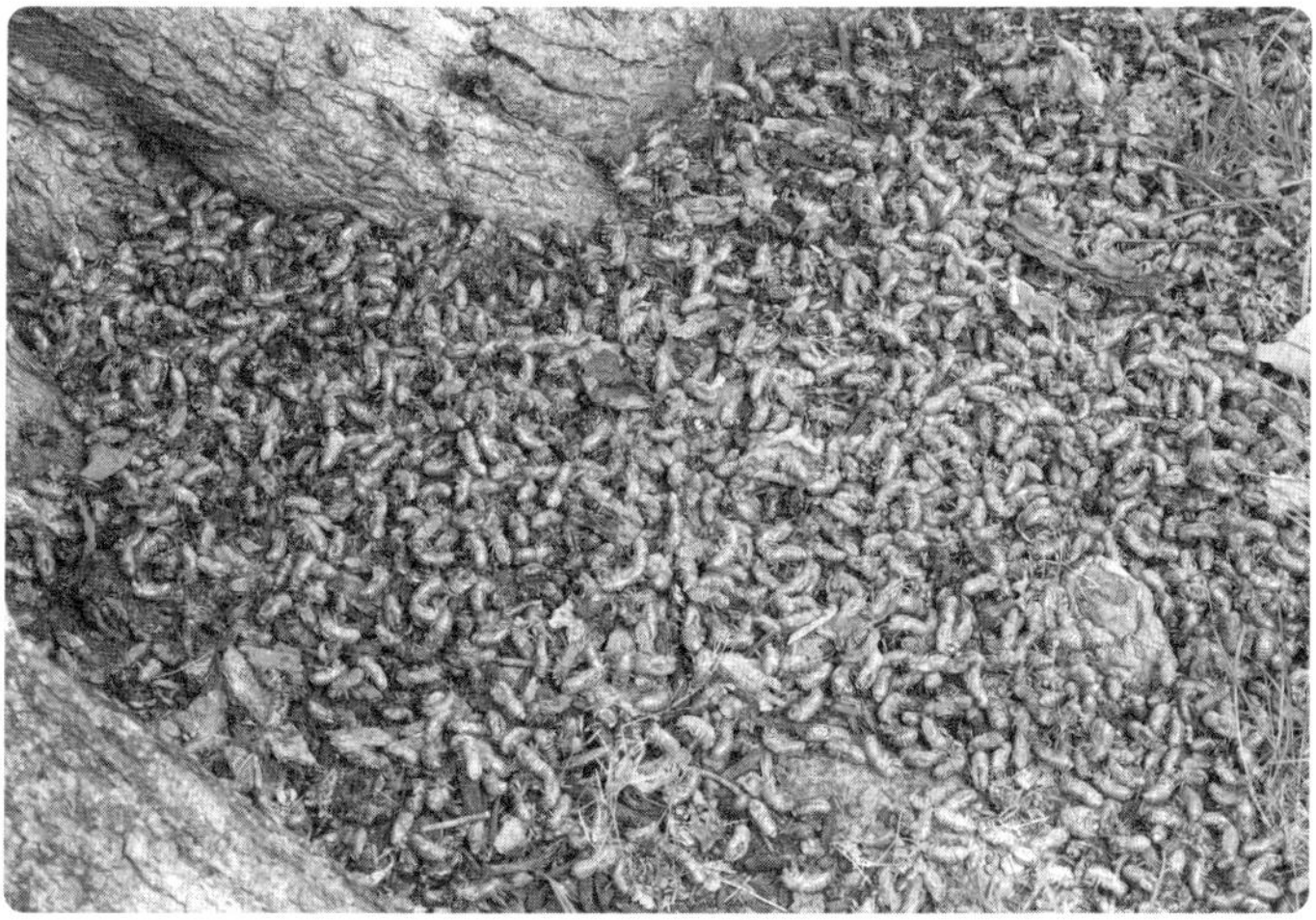

木の根元にたくさん残されたセミの抜《ぬ》け殻《がら》。

面に落下したりして、羽化《うか》に失敗するものや、鳥やリスなどの天敵《てんてき》に食べられてしまうものもたくさんいる。しかし、ちょっとやそっと数がへったとしても、子孫を残すのには十分すぎるほどの数が生き残っている。

無事に羽化《うか》したセミたちは、体がかわいてかたくなり、はねが完全にのびるのを待って、いよいよ活動をはじめる。オスたちは、ライバルに負けないような力強い鳴き声でメスをさそい、メスは、鳴くかわりにはねをふるわせてオスの求愛にこたえる。周期ゼミは飛ぶのがあまり得《とく》意《い》ではないが、大発生するので、飛びまわらなくても結婚《けっこん》相手を見つけやすい。周期ゼミの活

交尾《こうび》をするオスとメスのセミ。

動は一か月ほどつづき、メスたちが木に卵《たまご》をうみつける大切な役割《やくわり》を終えると、やがてすべてが死《し》に絶《た》えて静かになる。あたりにはたくさんの死がいが山のように残され、街の人たちは後始末に大わらわだ。

前回、ジュウシチネンゼミとジュウサンネンゼミがダブル大発生した一八〇三年、日本は江《え》戸《ど》時代だった。つぎのダブル大発生は二百二十一年後の二〇二四年になるはずだが、地球の気候は今、急速に変化しているといわれている。そのとき、地上にあらわれたセミたちは、いったいどんな世界を目にするのだろうか。

ヘビの体の秘密《ひみつ》

進化したから、こんな姿《すがた》になった!?

地球上に生命があらわれたのは、今から約四十億年前。それから長い時間をかけて、新しい種が誕生《たんじょう》したり、絶滅《ぜつめつ》したりをくりかえしながら、それぞれの生き物の姿《すがた》に進化していった。ヘビもそのひとつで、二億年前から一億年前までにはハ虫類《ちゅうるい》のトカゲのグループから分かれたとされ、現在《げんざい》はトカゲとともにハ虫類《ちゅうるい》のなかの有鱗目《ゆうりんもく》に分類されている。つまり、ヘビの祖先《そせん》にはトカゲのように四本のあしがあり、進化の途中《とちゅう》であしを失ったのだ。ニシキヘビなど、一部のヘビの体には、今でも一対《つい》の後ろあしのあとが残っている。

あしを持たず、細長い体をくねらせて動く方法は、かえって不便そうに見えるかもしれない。ところが現在《げんざい》、ヘビはハ虫類《ちゅうるい》のなかでも繁栄《はんえい》している成功者だ。南極と北極周辺をのぞく森林や砂漠《さばく》、山地、湿地《しっち》、それに海の中まで、あらゆる環境《かんきょう》に適応《てきおう》し、大小さまざまなヘビが約四千種も生息している。ヘビが繁栄《はんえい》できたわけを、体の仕組みとくらしにかくされた秘密《ひみつ》から探《さぐ》ってみよう。

ヘビは、どこにでもあらわれ、しかも動きがすばやい。たしかに、細長くてやわらかく、スマートな体は、せまいすきまをひっかからずに移動《いどう》するのに便利だ。実際《じっさい》、ヘビは、陸上の草むらや土の中を動きまわって獲物《えもの》をとらえるのにむいた体形に進化したという説がある。

この動きは、特別な体のつくりによるものだ。ヘビの体は、たくさんのうろこでおおわれている。腹側《はらがわ》のうろこは腹板《ふくばん》といい、背中側《せなかがわ》のうろこよりも大きく、表面がなめらかですべりやすい。腹板《ふくばん》の端《はし》は少しギザギザになっていて、すべりどめの役割《やくわり》をはたす。少しのでこぼこがあれば、ヘビはこのギザギザをひっかけて足がかりにし、体全体をすべらせて進む。腹《はら》全体があしというわけだ。だから、ガラス面などのつる

日本固有種のアオダイショウ。南西諸島《しょとう》をのぞけば、日本最大のヘビ。木のぼりが得意《とくい》で、民家の近くでも見られる。

つるした場所は苦手《にがて》だ。
図鑑《ずかん》などで、ヘビの骨格《こっかく》を見たことがあるだろうか。ヘビの丸い筒型《つつがた》の体は、中心をとおるたくさんの椎骨《ついこつ》（背骨《せぼね》）と、椎骨《ついこつ》から左右にのびるひげのような肋骨《ろっこつ》（あばら骨《ぼね》）でできている。それぞれの骨《ほね》と関節には、のびちぢみする強い筋肉《きんにく》がついている。くねくねした細かい動きができるのは、骨《ほね》と筋肉《きんにく》の動きがうまくつながっているからだ。ヘビの動き方では、左右に体をくねらせる「蛇行《だこう》運動」が普通《ふつう》に見られるが、それだけではない。先に体の後ろ半分をまげて頭をできるだけのばし、つぎに前半分をまげてしっぽを引きよせる「アコーディオン運動」

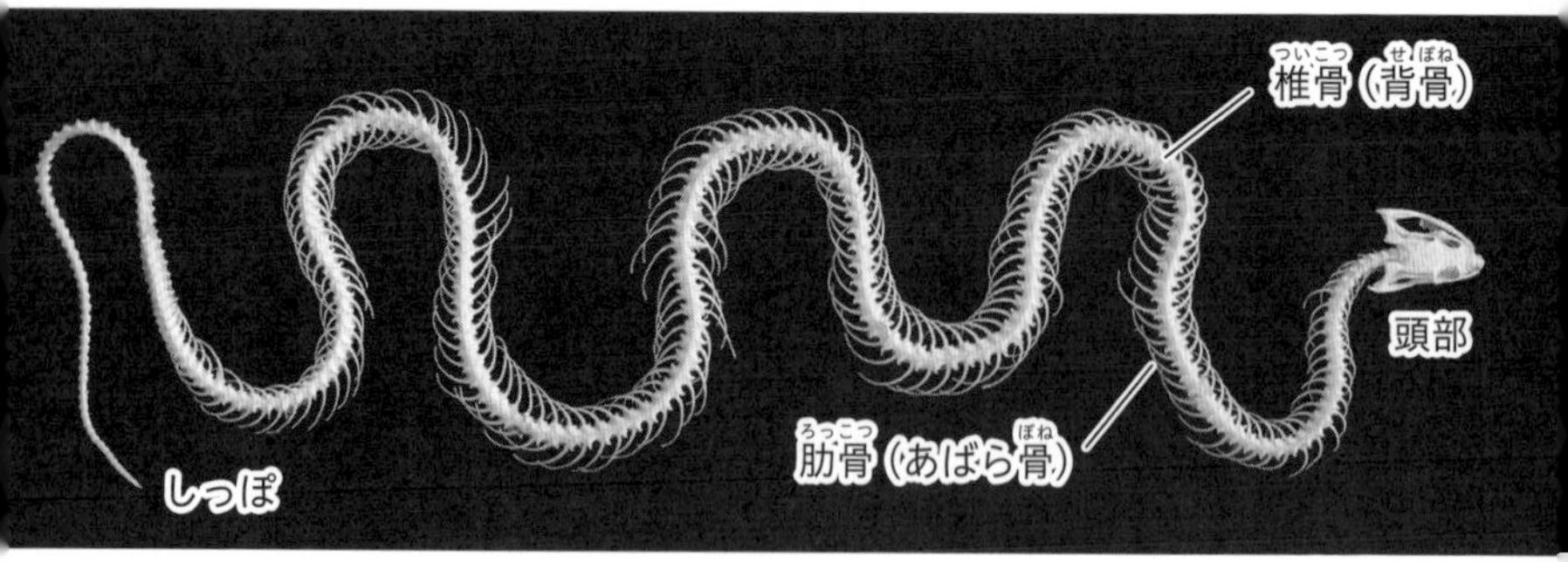

ヘビの骨格《こっかく》。

ヘビの動き方

蛇行《だこう》運動

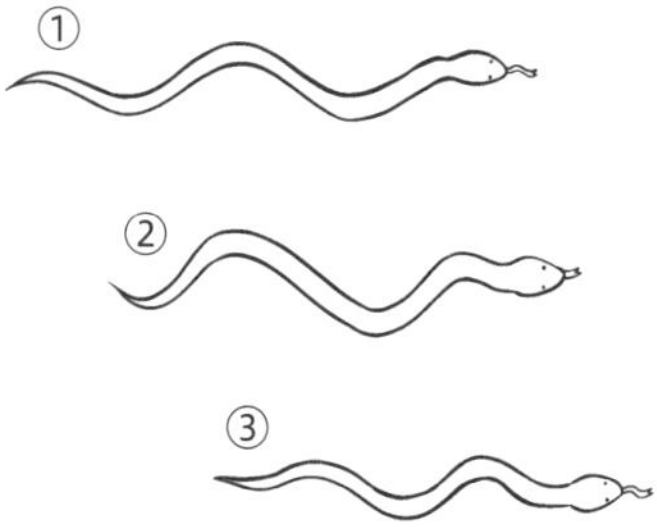

アコーディオン運動

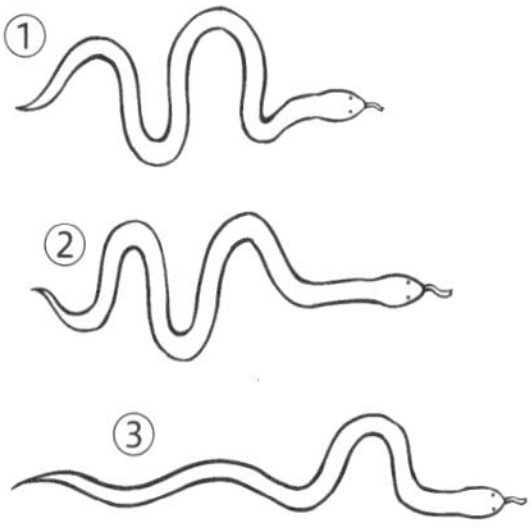

直進運動

横ばい運動

もよく使う。大型《おおがた》の種はイモムシのように体をのびちぢみさせる「直進運動」で進むし、砂漠《さばく》にすむヘビは、体を持ちあげてとびはねるように動く「横ばい運動」で、くずれやすい砂《すな》の上を移動《いどう》する。

じつは泳ぎも得意《とくい》だ。ヘビは、陸上から海に進出した有鱗目《ゆうりんもく》の祖先《そせん》の一部が、水中で動きやすい体に進化したという説もある。ほとんど陸にあがらないウミヘビは、ボートをこぐオールのような平たいしっぽで水をかき、飲みこんだ海水の塩分を体の外に出す仕組みまでそなえている。

それどころか、空中を移動《いどう》するヘビまでいる。もちろん、鳥のように羽ばたくことはできないが、グライダーのように滑空《かっくう》するのだ。肋骨《ろっこつ》を横に開いておなかをへこませ、体の幅《はば》をできるだけ広げると、空気を体いっぱいに受けて、十メートル以上も空中にういていられる。驚《おどろ》くことに、体を波うたせて、空中で方向を変えることもできるというのだ。

また、ヘビは、すぐれたハンターでもある。視力《しりょく》はよくないが、そのかわり熱を感

ジャングルにすむ大型種《おおがたしゅ》のボアの仲間。

じとったり、においをかぎつけたりする器官（ピット器官）が発達している。細い舌《した》をチロチロと出し入れするのは、空中をただようにおいの成分を舌《した》にくっつけて、口の中にある嗅覚器官《きゅうかくきかん》（ヤコブソン器官）に運ぶためだ。

するどい感覚器官を使って獲物《えもの》を探《さが》しあてると、ヘビは音もなく忍《しの》びよって一気におそいかかる。口が大きく開くとともに、あごの骨《ほね》が左右に分かれていて、それぞれ別々《べつべつ》に動くので、鳥の卵《たまご》や大きな獲《え》物《もの》でも、丸ごと飲みこむことができる。ボアなどの大型種《おおがたしゅ》は、体を獲物《えもの》に巻《ま》きつけて強い力でしめ殺《ころ》してから、ゆっくり時間をかけて飲みこむ。強力な毒《どく》液《えき》の出る牙《きば》でかみついて、獲物《えもの》をしとめる毒《どく》ヘビも

くわえたカエルを飲みこむシマヘビ。

よく知られている。毒《どく》は、獲物《えもの》をおそうときだけでなく、敵《てき》から身を守るときの武器《ぶき》にもなる。

　こうして、特殊《とくしゅ》に進化した体の特徴《とくちょう》をいかして自由に動きまわり、得意《とくい》のハンティング術《じゅつ》を使うことで、ヘビは世界のあらゆる環境《かんきょう》に進出することができたのだ。日本にも、外来種（外国から入ってきたもの）をふくめて約五十種のヘビが生息している。

　さて、なくてもよいものやよけいなことを、ヘビのあしにたとえて「蛇足《だそく》」という。最後に蛇足《だそく》の話をしよう。

　これほど優秀《ゆうしゅう》な動物だというのに、なぜか大人《おとな》から子どもまで、ヘビをきらいだという人が多いようだ。長い体でニョロニョロ動くようすがいやだ、うろこが気持ち悪い、目が不気味《ぶきみ》だ、大きなヘビや毒《どく》ヘビがこわいなど、きらう理由はさまざま。ヘビは進化の過程《かてい》で、そのような動きや外見、能力《のうりょく》を身につけてきたのだから、誤解《ごかい》されてきらわれては気《き》の毒《どく》というものだ。はるか大昔、人間の祖先《そせん》である霊長類《れいちょうるい》がまだ木の上でくらしていた時代に、木の上までのぼってくるヘビが天敵《てんてき》だったことから、その記憶《きおく》が今でも脳《のう》に残っているのではないかと考える研究者もいる。

一方で、ヘビは、世界各地のさまざまな神話や物語に登場しているし、日本では十《じゅう》二支《にし》のひとつにかぞえられている。また、神様や神様の使いとして、大切にまつられることもある。ほかの動物とはちがうヘビの姿《すがた》が、不思議《ふしぎ》な力を持つ生き物としてとらえられてきたのかもしれない。

近年では、バイオミメティクスの分野でも注目されていて、ヘビを真似《まね》たロボットの開発が進んでいる。細長くて自由に動きまわるロボットなら、災害《さいがい》が起きたときに、せまい場所に深くもぐりこんで人を見つけたり、人間が近づけないような環境《かんきょう》の場所で作業することができたりと、いろいろな利用法がありそうだ。

エビ・カニ・ヤドカリの関係

似《に》ているような、似《に》ていないような？

磯遊《いそあそ》びや川遊び、それに水族館でも人気がある水にすむ生き物。見たり飼《か》ったりするだけではなく、食べ物としても大人気。それはエビ、カニ、ヤドカリの仲間だ。しかし、人気があるわりには知られていないことも多いのではないだろうか。その正体はナニモノなのか、おたがいにどんな関係があるのか、どんなくらしをしているのか、いろいろ探《さぐ》ってみよう。

エビ、カニ、ヤドカリは、体をかたい殻《から》におおわれた甲殻類《こうかくるい》というグループのなかの十脚類《じっきゃくるい》にふくまれる。十脚類《じっきゃくるい》は、名前のとおり胸部《きょうぶ》に五対《つい》で十本のあしを持ち、おもに水中でくらしている生き物たちで、一万種以上が知られている。ただし、「生き

カニとヤドカリの体のつくりのちがい

タラバガニはヤドカリの仲間だが、腹部《ふくぶ》をたたんでいるので、カニのような形になっている。

腹部《ふくぶ》がたたまれていない。5対《つい》あるあしのうち、後ろの2対《つい》は小さく、通常《つうじょう》は貝にかくれて見えない。

腹部《ふくぶ》がたたまれている。5対《つい》あるあしのうち、後ろの1対《つい》は小さく、殻《から》にかくれて見えない。

腹部《ふくぶ》がたたまれている。5対《つい》あるあしは、すべてよく見える。

ている化石」として知られるカブトガニやカブトエビは、名前にカニやエビとついているが、十脚類《じっきゃくるい》にはふくまれない。ほかにも、ホウネンエビやヨコエビなど、名前も姿《すがた》も似《に》ているのに別の仲間のものもいるので、種の名前だけでは判断《はんだん》できない。

進化の歴史《れきし》のなかで最初にうまれた十脚類《じっきゃくるい》の共通の祖先《そせん》は、エビのような姿《すがた》の生き物だったと考えられている。約三億六千万年前の地層《ちそう》から化石が発見されている。現在《げんざい》のエビやカニ、ヤドカリの祖先《そせん》が登場したのは、そのずっとあとのことだ。アンモナイトの殻《から》に入ったヤドカリの化石も見つかっている。

エビの進化を見てみると、共通の祖先《そせん》から最初に分かれたのは、卵《たまご》をうんで水中に放出するグループだった。現在《げんざい》のクルマエビの仲間で、ほかにはサクラエビやウシエビなどがいるが、エビのなかでは少数派《しょうすうは》だ。それにつづいて、卵《たまご》を腹部《ふくぶ》にかかえて孵化《ふか》するまで守るグループがあらわれた。テッポウエビやボタンエビ、イセエビ、ザリガニなどの仲間がいる。水中に放出してうみっぱなしにするよりも、体にかかえて守るほうが子どもが生き残りやすいのか、今では、このグループのほうがはるかに仲間は多い。

じつは、カニやヤドカリの仲間も卵《たまご》を守るグループにふくまれている。腹部《ふくぶ》と尾《お》が前に折りたたまれて、その内側に卵《たまご》をかかえて守るように進化したのがカニだ。腹部《ふくぶ》はカニを裏返《うらがえ》したときに見える「カニのふんどし」とよばれる部分で、メスのほうが大きいので、オスとメスを見分ける手がかりになる。ヤドカリの場合は、腹部《ふくぶ》がねじれた特殊《とくしゅ》な形に進化した。貝殻《かいがら》の中に体をかくしてくらしていて、メスはその中で卵《たまご》をかかえて守っている。卵《たまご》を守るグループも、孵化《ふか》した幼生《ようせい》は水中に放出される。幼《よう》

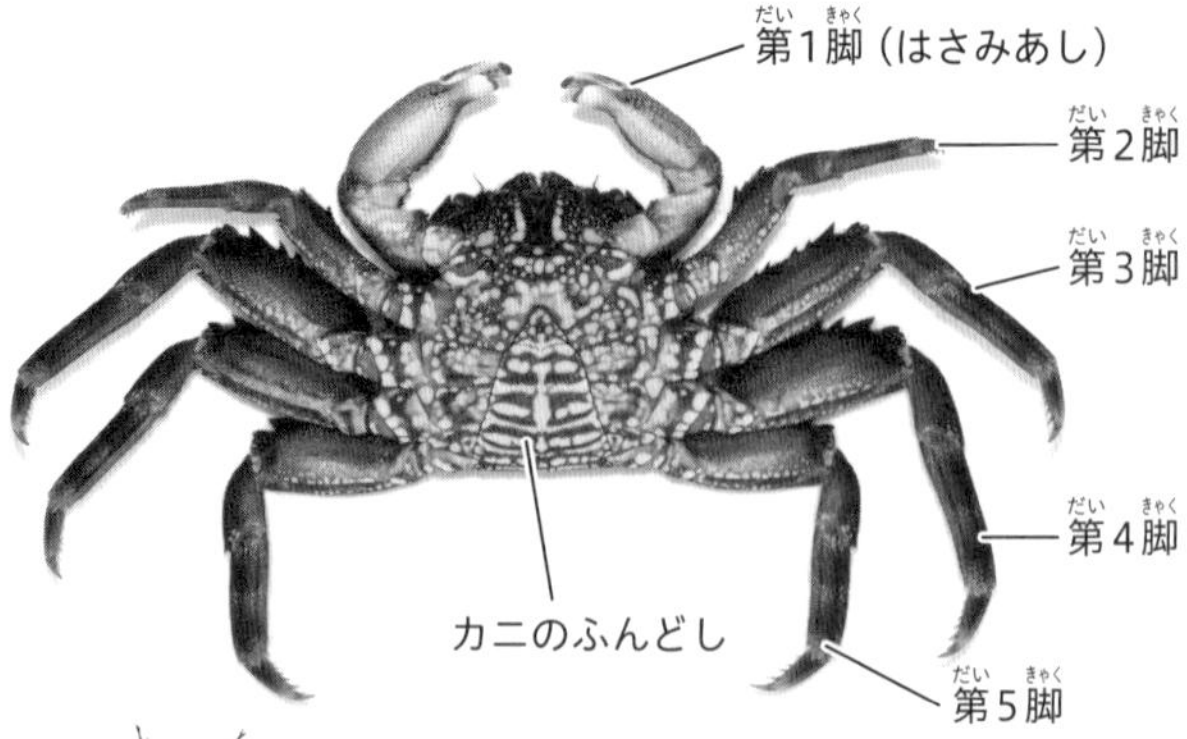

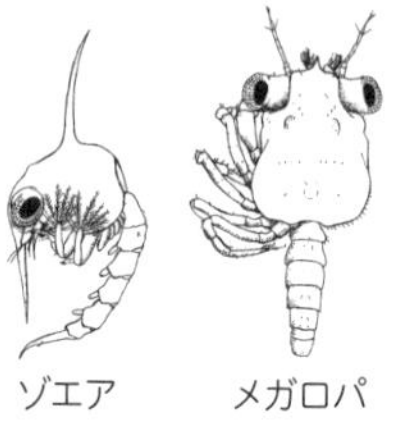

腹側《はらがわ》から見たカニ。三角形の部分が折りたたまれた腹部《ふくぶ》で、カニのふんどしともいわれる。
左は、十脚類《じっきゃくるい》の幼生《ようせい》であるゾエアとメガロパのイメージ。

生《せい》は、親とはまったくちがう姿《すがた》で、順にゾエア、メガロパとよばれる姿《すがた》に変化していく。そして、海の中をただよいながら成長する。

　ではつぎに、それぞれの仲間を見てみよう。まずはエビだ。エビには、泳ぐタイプと水底を歩くタイプがいる。泳ぐタイプのエビは縦《たて》に細長く、筋肉《きんにく》が発達した腹部《ふくぶ》にならぶ腹肢《ふくし》を使って泳ぐ。水の抵抗《ていこう》を少なくするため、殻《から》はすべすべしたものが多い。一方、イセエビなどの水底を歩くタイプのエビは体が平たく、がっしりした殻《から》に守られている。先のとがった歩脚《ほきゃく》とよばれるあしを使って、でこぼこした海底でも歩いて移動《いどう》する。どちらも、危険《きけん》がせまると体を

はさみあしをふりあげるシオマネキの仲間。大きなはさみあしは強そうだが、このあしで食べ物をつかむことはできない。

いきおいよくまげのばししてジャンプし、すばやく後ろに逃《に》げる。

カニという名前を聞いて思いうかぶのは、はさみあし（第一脚《だいきゃく》）をふりあげてシャカシャカと横歩きする姿《すがた》だろう。カニのはさみあしは、食べ物をつまんだり身を守ったりするのに役立つ。また、干潟《ひがた》にすむシオマネキのオスは、左右どちらかのはさみあしがとても大きく、繁殖《はんしょく》期《き》になると、それをふりまわしてメスにアピールする。カニが横歩きになるのは、あしの間隔《かんかく》がせまいことと関節のつき方によるものだ。意外にも、前に歩くカニも多く、横歩きする仲間でも、ゆっくりなら前後左右やななめに歩く種

貝殻《かいがら》を背負《せお》って歩くヤドカリの仲間。

がいる。世界最大のタカアシガニも、そのひとつだ。また、四番めのあし（第五脚《だいきゃく》）がボートのオールのような形をしたカニは、水中をじょうずに泳ぐ。

　ヤドカリは頭部と胸部《きょうぶ》がかたい殻《から》におおわれ、腹部《ふくぶ》はやわらかいので、つねに貝殻《かいがら》の中で守られている。腹部《ふくぶ》の先を貝殻《かいがら》にひっかけてしっかりつかまっているため、貝殻《かいがら》からひっぱりだすのはむずかしい。すみかにする貝殻《かいがら》の多くが右《みぎ》巻《ま》きなので、腹部《ふくぶ》は右にねじれていることが多い。ヤドカリは、ほかの十脚類《じっきゃくるい》とはちがって、後ろの二対《つい》のあしが短いものが多い。高級食材であるタラバガニは、カニだと思いがちだが、

正月のおせち料理にもエビやカニが使われる。

じつはヤドカリの仲間だ。後ろの一対《つい》は極端《きょくたん》に小さく殻《から》にかくれて見えない。

エビ、カニ、ヤドカリの多くの種は食べることができ、世界中で古くからさまざまな料理に利用されてきた。日本でもおなじみで、とくにおめでたい行事で食べられる料理には欠かせない。料理以外でも、エビは、ひげに似《に》た長い触《しょっ》角《かく》とまがった腰《こし》を老人にたとえて長寿《ちょうじゅ》のシンボルとされ、正月飾《しょうがつかざ》りなどにももちいられる。

正式な名前とはちがう、流通名や別名を持つエビやカニもいる。たとえば、ブラックタイガーという名前で売られているエビの標準《ひょうじゅん》和名（日本語での名前）はウシエビだし、歩くエビの大型《おおがた》の種は、まとめてロブスターともよばれる。また、地方によって呼《よ》び名《な》がちがうものもいる。ズワイガニのオスは、山陰《さんいん》地方では松葉《まつば》ガニ、北陸地方では越前《えちぜん》ガニとよび、卵《たまご》を持ったメスは、セイコガニやセコガニ、香箱《こうばこ》ガニなどともよばれる。

焼いても油であげてもゆでてもおいしいエビ、カニ、ヤドカリだが、気になる研究結果が出ている。さまざまな実験から、甲殻類《こうかくるい》には痛《いた》みを感じる能力《のうりょく》があることが証明《しょうめい》されたのだ。オーストラリアやスイスでは、すでに動物福祉《ふくし》の立場から、ロブスターを生きたままゆでることが法律《ほうりつ》で禁止《きんし》され、ほかにも料理方法を見直している国がふえているという。

小さな〝最強生物〟クマムシ
人類の宇宙《うちゅう》進出のカギになる？

「クマムシ」が〝最強の生物〟とよばれていることを知っている人も多いだろう。その理由は、ほかの生き物と戦って勝てるからではない。なにしろ、クマムシは顕微鏡《けんびきょう》で見ないとわからないほどのとても小さな生き物だ。クマムシは、本当に最強なのだろうか——。

クマムシは、「ムシ」といっても昆虫《こんちゅう》の仲間ではなく、緩歩《かんぽ》動物門というグループをつくる無脊椎《むせきつい》動物だ。「緩歩《かんぽ》」とはゆっくり歩くという意味で、実際《じっさい》、ノコノコとゆっくり動く姿《すがた》はかわいらしい。体長はほとんどが一ミリ以下で、その名のとおり、クマのようにずんぐりした姿《すがた》をしている。四対《つい》で八本の短いあしを持ち、あし先には

クマムシの一種。

とがった爪《つめ》がある。

すんでいるのは高い山から森林や砂地《すなち》、南極大陸から深海、それに街なかのブロック塀《べい》のすきまにはえるコケの中まで、地球上のあらゆる場所だ。少しの水分があれば、どこでも生きていけるらしい。これまでに千四百種以上が知られている。

クマムシにはとても特殊《とくしゅ》な能力《のうりょく》がある。まわりがカラカラに乾燥《かんそう》すると、自分の体から九割《わり》以上の水分を抜《ぬ》いて、小さくなってしまうのだ。この状態《じょうたい》は「乾眠《かんみん》」とよばれている。あしをちぢめ、体が丸くなって乾燥《かんそう》させた姿《すがた》は、ふだんのクマムシとはまったくちがって、小さな樽《たる》の

クマムシの活動状態《じょうたい》と乾眠状態《かんみんじょうたい》の能力《のうりょく》の比較《ひかく》

活動状態《じょうたい》

乾燥《かんそう》・脱水《だっすい》 →

← 給水《きゅうすい》・復帰《ふっき》

乾眠状態《かんみんじょうたい》

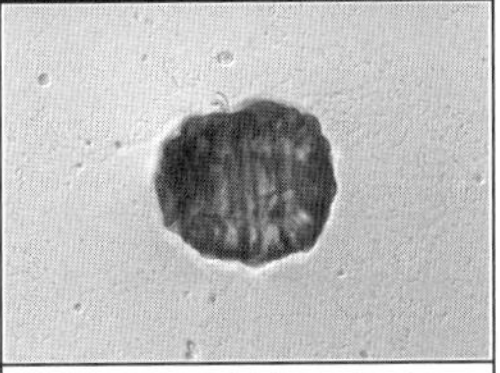

活動状態		乾眠状態
あり	呼吸《こきゅう》	なし
あり	生命活動	なし
弱い	暑さ・寒さへの耐性《たいせい》	強い
弱い	乾燥《かんそう》・気圧《きあつ》への耐性《たいせい》	強い
強い	放射線《ほうしゃせん》への耐性《たいせい》	強い

画像提供：東京大学准教授 國枝武和

ような形に見える。乾眠状態《かんみんじょうたい》になるまでにかかる時間などは種によってちがい、水中にすむ種は乾眠状態《かんみんじょうたい》にはならない。

乾眠状態《かんみんじょうたい》のクマムシは、まったく動かないだけでなく、呼吸《こきゅう》もしていない。死んでいるのと同じだ。この状態《じょうたい》が、長いときには数年から数十年もつづくこともある。ところが、水にふれると、早ければ十分から二十分ほどで、もとの活動状態《じょうたい》にもどり、また動きはじめる。

乾眠状態《かんみんじょうたい》のクマムシは、乾燥《かんそう》だけでなく、厳《きび》しい寒さや暑さなど、普通《ふつう》の生物ではとても生きられないような過酷《かこく》な環境《かんきょう》にも耐《た》えることができる。つまり、無敵《むてき》ともいえるこの乾眠状態《かんみんじょうたい》

ヨコヅナクマムシの乾眠状態《かんみんじょうたい》では、0.1mmほどの樽《たる》のような形になる。活動状態《じょうたい》にくらべて、3分の1から4分の1程度《ていど》の大きさ。

こそが最強といわれる理由なのだ。

クマムシの最強ぶりはうわさや伝説ではなく、実験で確《たし》かめられたものだ。百度を超《こ》える熱湯に入れられ、マイナス二百七十三度（これ以上には温度が下がらないという絶対零度《ぜったいれいど》）の冷凍《れいとう》庫《こ》にほうりこまれた。真空状態《じょうたい》の空間や、深海よりも高い圧力《あつりょく》の場所にもおかれた。硫化水素《りゅうかすいそ》などの化学物質《ぶっしつ》にも耐《た》えられた。電子レンジでチンされたものまでいる。約三十年間も冷凍保《れいとうほ》存《ぞん》されていたコケの中からクマムシを取りだして解凍《かいとう》したところ、よみがえって卵《たまご》をうんだことも報告《ほうこく》された。

ついには人工衛星《えいせい》に乗せて、宇宙《うちゅう》空間に十日間ほどさらすという実験までおこなわれ、地球に帰還後《きかんご》、卵《たまご》をうむものまでいたことがニュースになった。クマムシは、乾眠状態《かんみんじょうたい》だけでなく、活動状態《じょうたい》のときでも強い放《ほう》射線《しゃせん》に耐《た》えられる。なんと、人間が死んでしまう量の千倍もの放射線《ほうしゃせん》を浴びても生きていられるのだ。

もちろん、全部が生き残るとはかぎらないし、実験のあとで、まもなく死んでしまうものもいる。それでも、簡単《かんたん》には死なない、驚《おどろ》くような生存能力《せいぞんのうりょく》を持つ生き物であることはまちがいないだろう。

残念ながら、クマムシは不死身《ふじみ》の生き物ではない。乾眠状態《かんみんじょうたい》をのぞけば、クマムシの寿命《じゅみょう》はたった数か月だ。普通《ふつう》に活動しているときに、お湯をかけたり、つぶしたりすれば簡単《かんたん》に死ぬし、おなかがすいても死んでしまう。研究にはたくさんのクマムシが必要になるが、飼育《しいく》がむずかしいため、研究者はこまっているそうだ。

クマムシが乾眠状態《かんみんじょうたい》の樽《たる》のような形で厳《きび》しい環境《かんきょう》に耐《た》えることは、研究者のあいだでは二百年以上前から知られていた。しかし、乾眠状態《かんみんじょうたい》になる仕組みや、なぜ耐《た》えることができるのかなど、クマムシはなぞだらけだった。

今では遺伝情報《いでんじょうほう》の研究などから、少しずついろいろなことがわかってきている。クマムシだけが持っている遺伝子《いでんし》がいくつも見つかった。体から水分が抜《ぬ》けはじめると集まって細胞《さいぼう》を保護《ほご》する役割《やくわり》をしたり、DNAを包んで守ったりするなど、乾眠《かんみん》に関係する特殊《とくしゅ》なタンパク質《しつ》があることもあきらかになった。研究がさらに進めば、クマムシの生命の仕組みを探《さぐ》るヒントになるかもしれない。

ところで、どんな生き物であっても、地球上で強い放射線《ほうしゃせん》にさらされることなどめったにない。クマムシは、なぜ放射線《ほうしゃせん》に耐《た》えられる仕組みをそなえたのだろう。そのこたえをこう考える研究者がいる。クマムシはもともと水生に近い生き物で、陸上でも雨水やまわりの水分を利用して体に薄《うす》い水の膜《まく》をつくっている。しかし、陸上は雨が降《ふ》らなかったり、日差しが強かったりしてかわきやすい。そこで、乾燥《かんそう》から身を守るために乾眠《かんみん》という仕組みが進化したのではないかという。それが、放射線《ほうしゃせん》にも耐《た》えられるほど強力なものだったという説だ。

研究者たちは、クマムシの能力《のうりょく》を人間の社会に利用することを考えている。たとえば、すばやく乾燥《かんそう》してもどる仕組みを利用して、食品を長いあいだ保存《ほぞん》したり、遠いところまで運んだりしても、短時間でもとにもどすことができれば便利だ。また、細《さい》胞《ぼう》や臓器《ぞうき》を保存《ほぞん》するなど、医療《いりょう》の分野でも役立つだろう。

なかでも、とくに注目されているのは放射線《ほうしゃせん》に対する能力《のうりょく》だ。東京大学の研究によると、クマムシのひとつのＤＮＡを人間の培養細胞《ばいようさいぼう》（生物の個体《こたい》から取りだして人工的にふやす細胞《さいぼう》）に入れたところ、その細胞《さいぼう》は放射線《ほうしゃせん》に耐《た》える能力《のうりょく》を持ったという。将来《しょうらい》、宇宙《うちゅう》開発が進んで人々《ひとびと》が宇宙《うちゅう》に出ていくようになったら、たくさんの食料が必要になる。もし、放射線《ほうしゃせん》に強い作物をつくりだして宇宙《うちゅう》で育てることができれば、食料問題の解決《かいけつ》につながる可能性《かのうせい》もある。

小さな最強生物のクマムシは、生命の仕組みをあきらかにするヒントをあたえてくれるだけでなく、人間の未来を救《すく》う最強のカギになるかもしれない。

プラナリアとイモリの再生能力《さいせいのうりょく》

心臓《しんぞう》さえもよみがえる驚《おどろ》きのチカラ！

生き物の体の欠けてしまった部分が、もとどおりによみがえる「再生《さいせい》」。もともと生き物の体には、再生《さいせい》する能力《のうりょく》がそなわっている。人間も、たとえば、ころんだときに手や足にすり傷《きず》ができても、いつのまにかなおっているのは再生《さいせい》する力によるものだ。肝臓《かんぞう》も再生能力《さいせいのうりょく》が高く、三分の二を失っても、もとの大きさにもどる。

しかし、人間とはくらべものにならないほど、すぐれた再生能力《さいせいのうりょく》を持つ生き物もいる。

高い再生能力《さいせいのうりょく》を持つ生き物には「プラナリア」がよく知られている。プラナリアは、水中にすむ原始的な無脊椎《むせきつい》動物で、理科の授業《じゅぎょう》などでもよく再生《さいせい》の実験で使われている。プラナリアの体を切り分けると、それぞれが欠けた部分を再生《さいせい》して完全な体になる。たとえば、頭に縦《たて》に切れ目を入れると二つの頭を持つプラナリアになり、体を八

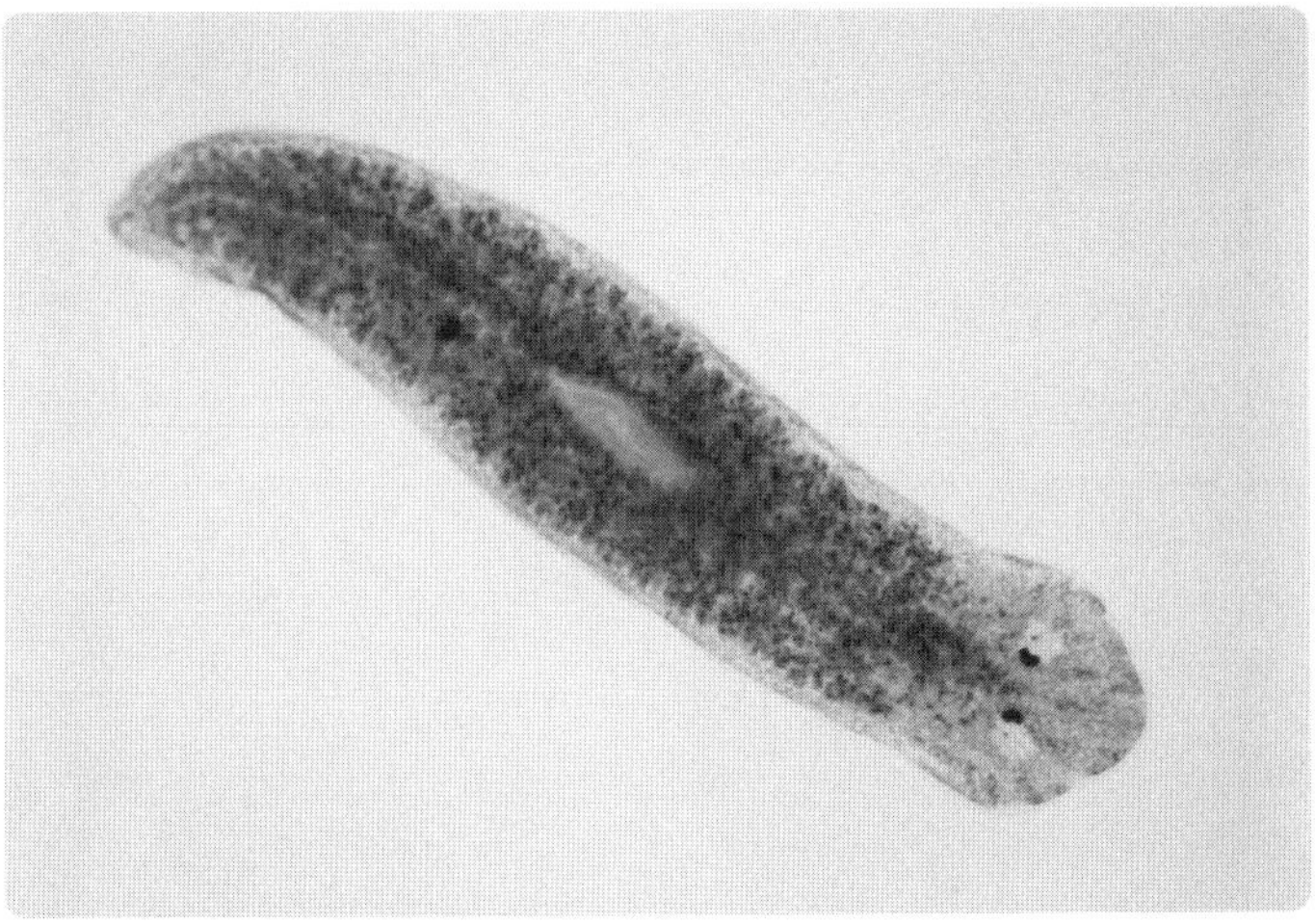

体長が1～3cmほどのプラナリア。体は平たい。

つに切り分けると八匹《ぴき》のプラナリアができあがるのだ。それどころか、自分の体をみずから二つに切り分けるという、忍者《にんじゃ》が使う分身の術《じゅつ》のような方法でふえていく。体を再生《さいせい》させて、二匹《ひき》のプラナリアになるというわけだ。プラナリアは、三角形の頭に二個《こ》の目がつき、見た目は少しかわいらしいが、水槽《すいそう》の中でいつのまにかふえるのできらう人もいる。

プラナリアは原始的な生き物だから、簡単《かんたん》に体が再生《さいせい》できるのではないかと思った人もいるかもしれない。では、もっと進化した生き物で、人間の医学の分野でも注目されている再生能力《さいせいのうりょく》の持ち主を紹介《しょうかい》しよう。

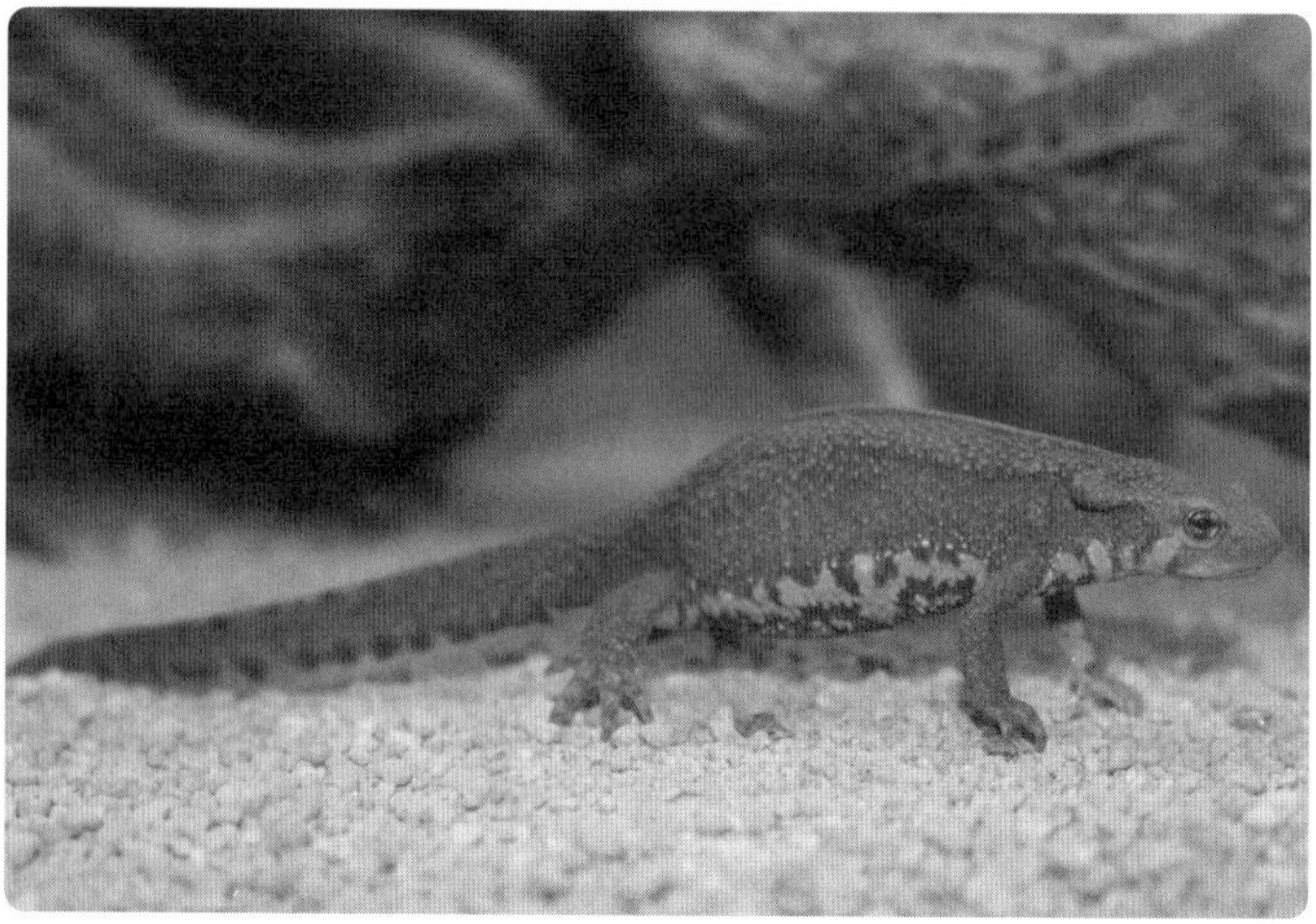
日本固有種のアカハライモリ。その名のとおり腹側《はらがわ》が赤いのが特徴《とくちょう》。

それは両生類だ。両生類は、生き物のなかでもとくに再生能力《さいせいのうりょく》が高い。あまり知られていないが、カエルの幼体であるオタマジャクシのあしは、切り落としてもきれいに再生《さいせい》する。ただし、大人《おとな》（成体）になると再生能力《さいせいのうりょく》が弱くなり、切り落としたあしをもとどおりにすることはできない。それでも、人間にくらべれば、傷《きず》のなおり方はずっと早い。

もっとすごいのが同じ両生類の「イモリ」だ。子ども時代だけでなく、一生にわたり強い再生《さいせい》能力《のうりょく》を持つことがわかっている。イモリを使ったある実験で、アカハライモリに麻酔《ますい》をかけて目の水晶体《すいしょうたい》（レンズ）をとりのぞいた。すると、

アカハライモリのあしが再生《さいせい》する過程《かてい》

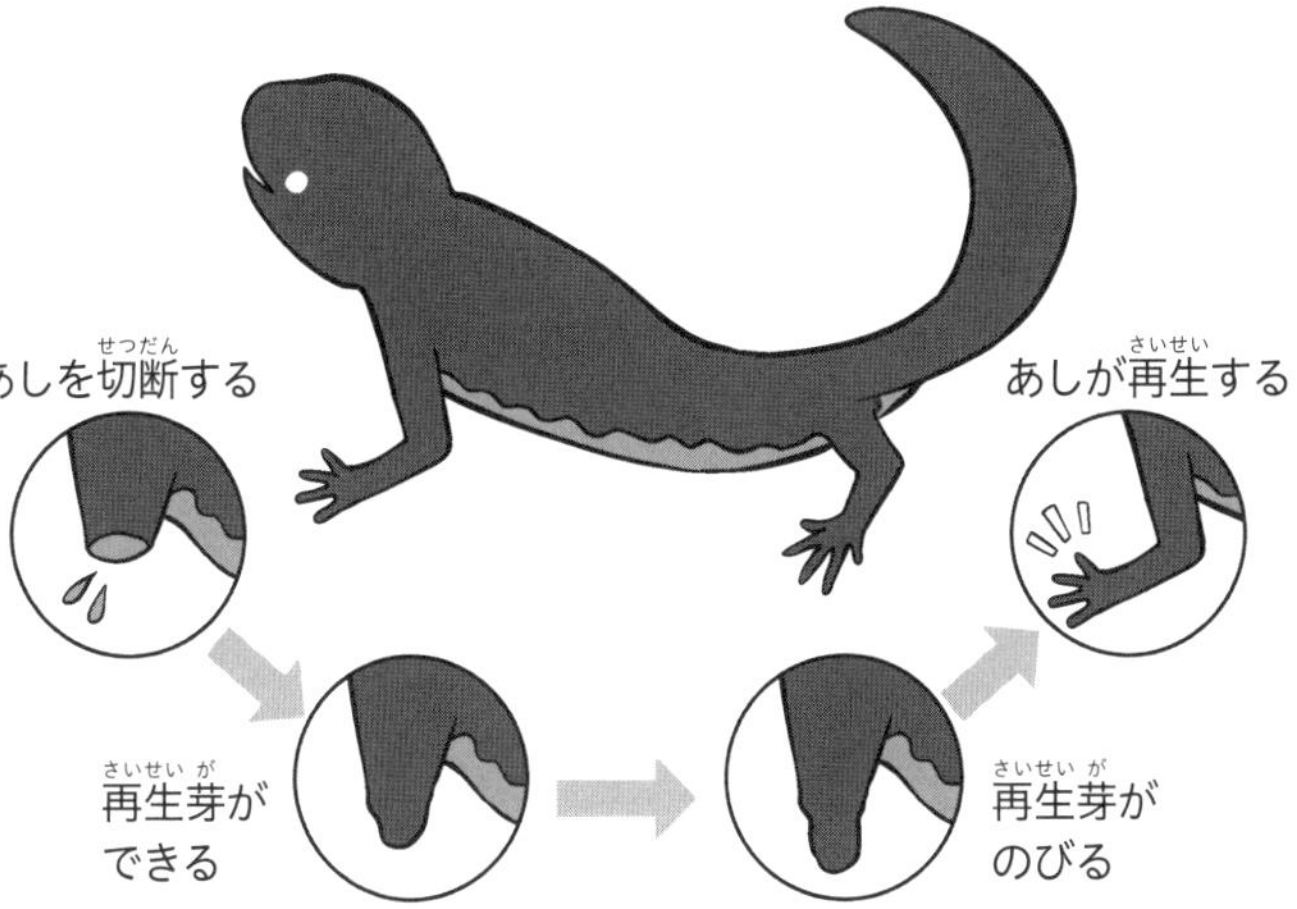

別の黒い色の組織《そしき》から透明《とうめい》のレンズが再生《さいせい》され、約二か月後には目が見えるまでになったという。再生《さいせい》するのは形だけではなく、機能《きのう》までもとどおりになるらしい。なんと、イモリは、脳《のう》や心《しん》臓《ぞう》さえ、一部をとりのぞいても再生《さいせい》することができるというから驚《おどろ》きだ。

　別の実験では、アカハライモリのあしを切り落としたところ、五か月ほどで一本一本の指まで再生《さいせい》されたという。その仕組みはこうだ。まず、切った断面《だんめん》に、まわりから表皮細胞《さいぼう》が集まってきて、一日ほどで傷口《きずぐち》をなめらかにおおってしまう。つぎに、その先端《せんたん》に再生芽《さいせいが》とよばれる細胞《さいぼう》のかたまりがつくられる。この細胞《さいぼう》は、それぞれ特定の器官をつくっている細胞《さいぼう》になる前の段階《だんかい》のものだ。つまり、ここでは、指の筋肉《きんにく》やあしの指の骨《ほね》といった特定の器官をつくっている細胞《さいぼう》を、別の筋肉《きんにく》や骨《ほね》にもなれる細胞《さいぼう》（幹細胞《かんさいぼう》という）に逆《ぎゃく》もどりさせるはたらきが起きているのだ。このはたらきを「脱分化《だつぶんか》」という。

こうしてうまれた細胞《さいぼう》は、傷口《きずぐち》の近くでふたたび指の筋肉《きんにく》など、必要な器官の細胞《さいぼう》になってふえていく。そして、あしが新しくかたちづくられる。イモリは、何度でも再生《さいせい》をくりかえすことができる。しかも、再生《さいせい》されるときには、細胞《さいぼう》は失われた部分の形を正しく再現《さいげん》するというから驚《おどろ》きだ。

幹細胞《かんさいぼう》は、特定の器官をつくる細胞《さいぼう》になると逆《ぎゃく》もどりはしない。イモリの再生能力《さいせいのうりょく》は、この「脱分化《だつぶんか》」という特殊《とくしゅ》なはたらきによるものなのだ。また、イモリには、このはたらきを起こす特別な遺伝子《いでんし》があることも解明《かいめい》されてきた。この再生《さいせい》の仕組みは、同じく両生類の「サンショウウオ」にもそなわっている。

研究者たちは、イモリの再生能力《さいせいのうりょく》の仕組みがあきらかになれば、人間の再生医療《さいせいいりょう》に応用《おうよう》できるのではないかと考えている。人間の場合、深い傷《きず》や重いやけどなどをなおすことはできても、傷跡《きずあと》が残ってしまうことがある。事故《じこ》や病気で組織《そしき》や臓器《ぞうき》などが傷《いた》んだり、失われたりしてしまうこともあるし、もとどおりにするのがむずかしいこともある。再生医療《さいせいいりょう》の技術《ぎじゅつ》が進めば、皮膚《ひふ》や臓器《ぞうき》を移植《いしょく》したり、回復《かいふく》させたりと、さまざまな問題の解決《かいけつ》に役立つはずだ。

山中伸弥教授《やまなかしんやきょうじゅ》

ところで、再生医療《さいせいいりょう》といえば、二〇一二年に京都大学の山中伸弥教授《やまなかしんやきょうじゅ》がiPS細胞《アイピーエスさいぼう》の研究でノーベル生理学・医学賞《いがくしょう》を受賞《じゅしょう》した。iPS細胞《アイピーエスさいぼう》とは、細胞《さいぼう》を使って人工的につくられた、体のいろいろな組織《そしき》になれる細胞《さいぼう》のことだ。イモリの再生《さいせい》の仕組みと似《に》ているが、イモリの再生能力《さいせいのうりょく》は、失われた部分を再生《さいせい》するのに必要なぶんだけ逆《ぎゃく》もどりさせるというちがいがある。

そのほかにも、すぐれた再生能力《さいせいのうりょく》を持つ生き物たちがいる。身近なところでは、シカがそうだ。オスのシカの角《つの》は、毎年春になると自然に落ちて、角《つの》のあとから袋《ふくろ》に包まれた新しい角《つの》がはえ、袋《ふくろ》がやぶれるとりっぱな角《つの》に育っていく。角《つの》が毎年はえかわるのは、成長にあわせた角《つの》をつけるためといわれているが、くわしいことはなぞだ。

ヒトデの一種。何かが起きたのか、腕《うで》の長さがちがっている。

ヒトデも、再生《さいせい》の達人だ。中心の丸い部分さえ残っていれば、一本の腕《うで》から全身を再生《さいせい》することもできる。ただし、ちぎれた腕《うで》のあとから新しい腕《うで》が再生《さいせい》されるので、ほかの腕《うで》と長さがちがってしまうこともある。磯遊《いそあそ》びをしていて、おかしな形のヒトデを見つけても、笑ってはかわいそうかもしれない。

休眠《きゅうみん》する生き物

その日がくるまで寝《ね》て待とう

息が白いほど寒い冬やギラギラと暑い真夏は、部屋でずっと寝《ね》ていたい。だれでも、そんなことを思う日がある。それが命にかかわるほど厳《きび》しい寒さや暑さだとしたらなおさらだ。生き物が厳《きび》しい環境《かんきょう》にさらされたときに、一定の期間、活動をやめることを「休眠《きゅうみん》」という。

休眠《きゅうみん》とはいっても、なまけてのんびりと休んだり、眠《ねむ》ったりしようとするような簡《かん》単《たん》なことではない。生き物は、外から栄養を取り入れて、細胞分裂《さいぼうぶんれつ》をくりかえして体をつくり、体温や運動する能力《のうりょく》などをたもって生きている。それがむずかしい環境《かんきょう》ならば、活動をやめて耐《た》えしのび、また活動できる日まで、じっくり待とうとするのが

休眠《きゅうみん》だ。だが、そこには問題がある。生き物が栄養をとらず、活動もしない状態《じょうたい》を長くつづけるのは危険《きけん》をともなうからだ。もしかしたら、そのまま死んでしまうかもしれない。それではこまる。

そこで、休眠《きゅうみん》をする生き物はその期間、体の機能《きのう》をふだんよりも制限《せいげん》してしまう。細胞分裂《さいぼうぶんれつ》も呼吸《こきゅう》も最小限《さいしょうげん》しかしないし、体温も下げるなど、徹底的《てっていてき》にエネルギーを節約する。なかには、生と死のあいだのギリギリの状態《じょうたい》で、何か月どころか、何年間もすごすことができる特殊《とくしゅ》な能力《のうりょく》をそなえたものさえいる。

「ネムリユスリカ」は、アフリカの半乾燥《はんかんそう》地帯にすむ小さなハエの仲間だ。メスは岩場のくぼみにできる水たまりに卵《たまご》をうみ、孵化《ふか》した幼虫《ようちゅう》はこの中で水中生活をおくる。この一帯は気候が雨季と乾季《かんき》に分かれていて、乾季《かんき》には雨が一滴《いってき》も降《ふ》らない日が数か月もつづく。幼虫《ようちゅう》がくらす水たまりは、乾季《かんき》になれば数日でカラカラにかわいてしまう。もちろん、幼虫《ようちゅう》の体では、ほかの水場を探《さが》してうつりすむこともできない。

ネムリユスリカの幼虫《ようちゅう》は、あたりが乾燥《かんそう》しはじめると、自分の体からも水分が抜《ぬ》け

ネムリユスリカの一生

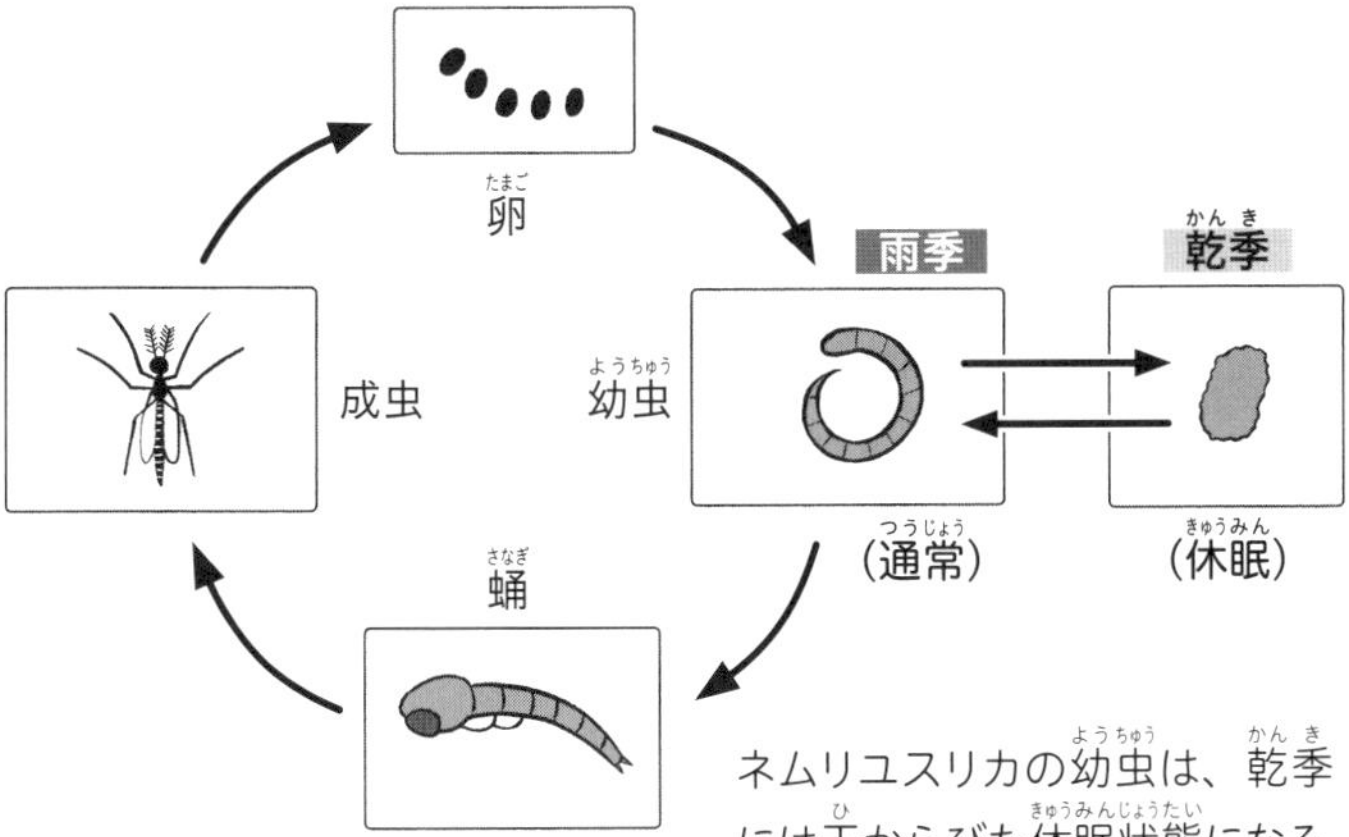

ネムリユスリカの幼虫《ようちゅう》は、乾季《かんき》には干《ひ》からびた休眠状態《きゅうみんじょうたい》になる。

ていく。最後には体内の水分の約九七%が抜《ぬ》け、すっかり干《ひ》からびた小さなかたまりのような姿《すがた》になってしまう。これは驚《おどろ》きの数字だ。人間なら、体内のわずか一割《わり》の水分が抜《ぬ》けても命にかかわる。ネムリユスリカの幼虫《ようちゅう》は、生きているか死んでいるかわからないような干《ひ》からびた休眠状態《きゅうみんじょうたい》で、つぎの雨が降《ふ》るのをじっと待つ。そして、水にぬれると一時間ほどで、もとの姿《すがた》にもどり、成長を再開《さいかい》するのだ。十七年間もその姿《すがた》で待ちつづけて、よみがえった記録もある。

さらに、休眠状態《きゅうみんじょうたい》では乾燥《かんそう》だけではなく、高温や低温にも耐《た》えることができる。ただし、休眠《きゅうみん》するのは幼虫《ようちゅう》だけで、羽化《うか》した成虫は乾燥《かんそう》に弱く、数日で死んでしまう。

この能力《のうりょく》の仕組みには、乾燥《かんそう》してきたことを感じとったときに幼虫《ようちゅう》の体内で大量につくられる、トレハロースという物質《ぶっしつ》が関係していることがわかっている。トレハロースは、ガラスのように変化して体内の細胞《さいぼう》などを保護《ほご》する。ちなみに、乾燥《かんそう》シイタケを水でもどすと、もとどおりにふっくらするのも、トレハロースのはたらきによるものだ。

「ハイギョ」は、今から約四億年前に地球上にあらわれた「生きている化石」のひとつで、川や湿地《しっち》にすむ淡水魚《たんすいぎょ》だ。アフリカなどに六種が知られている。大きな特徴《とくちょう》は、肺魚《はいぎょ》の名のとおり肺《はい》を持ち、えら呼吸《こきゅう》だけでなく肺呼吸《はいこきゅう》もできること。

ハイギョは、一部の種をのぞいて「夏眠《かみん》」をすることが知られている。夏眠《かみん》も休眠《きゅうみん》の一種だ。ハイギョのすむ一帯も、乾季《かんき》と雨季が交互《こうご》にくる。ハイギョは、乾季《かんき》に周囲《しゅうい》がかわきはじめると、水底の泥《どろ》の中にもぐりこみ、体の表面から出した粘液《ねんえき》と泥《どろ》をかためて自分をおおう繭《まゆ》をつくる。完全に水がかわいたあとは、繭《まゆ》の中で眠《ねむ》ってつぎ

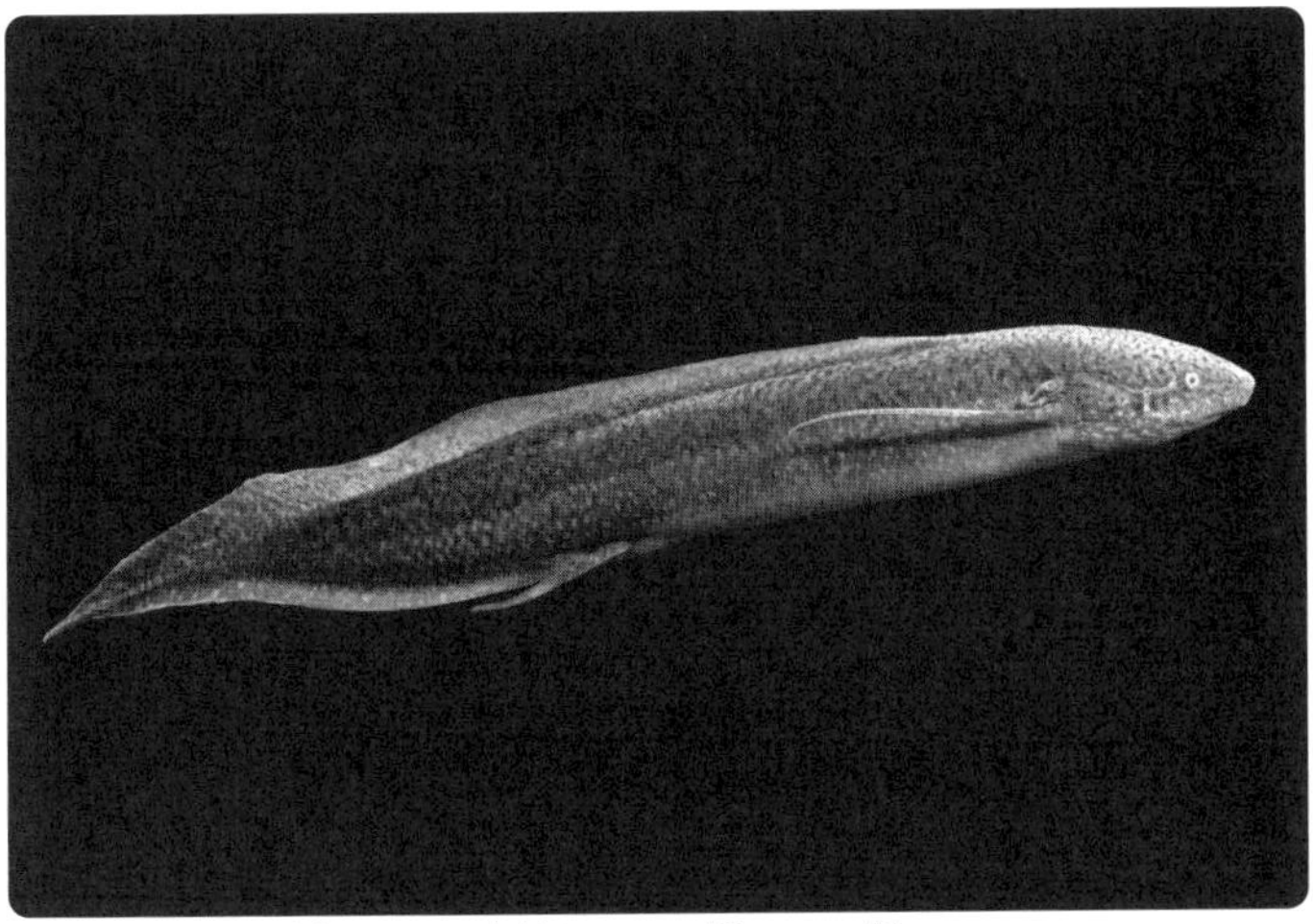

ハイギョは肺呼吸《はいこきゅう》ができる特殊《とくしゅ》な魚。胸《むな》びれと腹《はら》びれをあしのように動かすことができる。

の雨季を待つのだ。肺呼吸《はいこきゅう》ができるので、水がなくても平気。繭《まゆ》がハイギョの体を乾燥《かんそう》から守ってくれるからだ。また、ハイギョは夏眠《かみん》の状態《じょうたい》になると、体の中に水分をたもつはたらきが起こる。これは、ほかの魚にはない仕組みだ。この仕組みについて研究者は、水中のくらしから陸上のくらしに進化する過程《かてい》をしめすものだと考えているようだ。

　ほかにも、ネムリユスリカのように体から水分を抜《ぬ》いて、樽《たる》のような姿《すがた》で厳《きび》しい環境《かんきょう》に耐《た》える「クマムシ」（85ページ参照）などもいる。また、「アルテミア」という小さな甲殻類《こうかくるい》の仲間は、卵《たまご》が乾燥《かんそう》に強いことで知られる。アルテ

ツキノワグマ。冬眠《とうみん》の前にはたくさん食べて体に脂肪《しぼう》をつける。

卵《たまご》が乾燥《かんそう》に強いアルテミア。

ミアは、シーモンキーやブラインシュリンプという名前で、卵《たまご》から育てるセットが売られているので、飼育《しいく》したことのある人がいるかもしれない。

暑さや乾燥《かんそう》に耐《た》えるための夏眠《かみん》とは反対に、寒さに耐《た》える休眠《きゅうみん》には「冬眠《とうみん》」がある。冬は食べ物が少ないことも、冬眠《とうみん》をする大きな理由だ。日本で冬眠《とうみん》する生き物といえば、まず思いつくのはクマだ。クマは秋から翌年《よくとし》の春にかけて、木の洞《ほら》などの奥《おく》にもぐって冬眠《とうみん》し、メスはそのあいだに子どもをうむ。体温があまり下がらないので、冬眠《とうみん》ではなく「冬ごもり」といわれることもある。何も食べず排泄《はいせつ》もしないし、呼吸《こきゅう》

野山で樹上《じゅじょう》にすみ、木の実や昆虫《こんちゅう》などを食べるヤマネ。体長が6～8cmほどと小さい。左は冬眠《とうみん》するヤマネの姿《すがた》。

数《すう》もへらすなど、体が省エネに切りかわっていることは同じだ。ホ乳類《にゅうるい》でも、ヤマネなどのように体が小さい動物が冬眠《とうみん》するときには、体温が〇度くらいまで下がり、呼吸《こきゅう》や心臓《しんぞう》の鼓動《こどう》もだいぶ少なくなっている。

ところで、人間は休眠《きゅうみん》をしない動物だ。だが、一時的に冬眠状態《とうみんじょうたい》にして救急医療《きゅうきゅういりょう》にいかしたり、臓器《ぞうき》を安全に保存《ほぞん》したりするなど、医学の分野での利用をめざした研究がおこなわれている。

もしかしたら、未来には、乗客が眠《ねむ》っているあいだにほかの遠い天体まで運ぶ宇宙《うちゅう》旅行が、物語の世界ではなく、あたり前になっているかもしれない。

生きている化石

進化しないことを選んだの？

一九三八年のある日、南アフリカの小さな町の博物館に、地元の漁師《りょうし》の網《あみ》に正体不明の魚がかかったという知らせが飛びこんだ。研究者のもとでくわしく調べたところ、その魚の名前は「シーラカンス」だとわかった。恐竜《きょうりゅう》よりもはるかに昔、今から約四億年前の地層《ちそう》にも化石が残り、約七千万年前に絶滅《ぜつめつ》したと考えられていた魚類だ。シーラカンスが生き残っていたというニュースは、世界を驚《おどろ》かせた。

シーラカンスのように、古代からとても長い年月にわたって姿《すがた》や体の仕組みが変わらず、ほとんど進化しないままで生きつづけている生き物を「生きている化石」または「生きた化石」とよぶ。進化論《しんかろん》で有名な博物学者のチャールズ・ダーウィンが、一八五九年に出版《しゅっぱん》した『種の起源《きげん》』という本ではじめて使った言葉だ。「遺存種《いそんしゅ》」とよ

静岡県《しずおかけん》の沼津港《ぬまづこう》深海水族館には、日本の学術調査隊《がくじゅつちょうさたい》が捕獲《ほかく》したシーラカンスの冷凍《れいとう》標本が展示《てんじ》されている。

ばれることもある。

シーラカンスの仲間は、世界各地で百三十種ほどの化石が見つかっている。二〇二四年現在《げんざい》では、アフリカ南東のコモロ諸島《しょとう》とインドネシアのスラウェシ島の近海、水深二百～六百メートルの深海に二種が生息する。シーラカンスには、ほかの魚類とはちがう特徴《とくちょう》がいくつもある。体はかたい特別なうろこでおおわれ、脊柱《せきちゅう》（背《せ》骨《ぼね》）は中が空洞《くうどう》になっていること。ひれのつけ根に骨《ほね》があり、両生類のあしの動きと似《に》ていることなどだ。これらの特徴《とくちょう》は、見つかっている化石とほとんど変わっていないという。ちなみに、シーラカンスが生息するコモロ諸島《しょとう》では、

姿《すがた》が特徴的《とくちょうてき》なカブトガニ。カブトガニの血液《けつえき》は乳白色《にゅうはくしょく》だが、酸素《さんそ》にふれると青く変化する。

以前は「役に立たない魚」という意味の「ゴンベッサ」とよばれることもあった。体に特殊《とくしゅ》な脂肪《しぼう》を多くふくむため、食べてもまずいことからついたらしい。

「カブトガニ」も、生きている化石のひとつだ。今から二億年前には、すでに今とほぼ同じ姿《すがた》のカブトガニがいた。世界では四種が知られていて、日本にはそのうちの一種が瀬戸内海《せとないかい》や九州北部の遠浅《とおあさ》の干潟《ひがた》に生息している。カブトガニは、体が昔の兜《かぶと》やヘルメットと似《に》た形のかたい甲《こう》らですっぽりとおおわれている。はさみのついたあしを持つなど、カニと似《に》ているところもあるが、カニの仲間ではなく、節足動物のクモに近い生き物だ。

カブトガニは、ふだんは干潟《ひがた》の泥《どろ》にもぐり、水温が低い時期は冬眠《とうみん》するなど、ひっそりとくらしてきた。だが、近年、人間に役立つ生き物として注目されるようになった。カブトガニの血液《けつえき》の成分に、細菌《さいきん》が持つ毒素《どくそ》（内毒素《ないどくそ》という）にふれると、かたまる性質《せいしつ》があることがわかったのだ。この血液《けつえき》を使って、毒素《どくそ》が人の体内に入らないようにチェックする試薬が開発され、病気の治療《ちりょう》やワクチンの製造《せいぞう》などに役立っている。カブトガニは、血を抜《ぬ》かれたあとは海にかえされる。ところが、その後に死んでしまうものが少なくないことが問題になり、人工的に試薬をつくる研究も進められているという。

生きている化石とよばれる生き物としては、ほかにもタコの仲間のオウムガイや魚類のチョウザメ、ハ虫類《ちゅうるい》のムカシトカゲ、ホ乳類《にゅうるい》のカモノハシなどが知られている。日本では、耳とあしが短いという原始的な特徴《とくちょう》を持つアマミノクロウサギが有名だ。また、オオサンショウウオやムカシトンボ、イリオモテヤマネコなども、生きている

奄美大島《あまみおおしま》と徳之島《とくのしま》だけに生息しているアマミノクロウサギ。

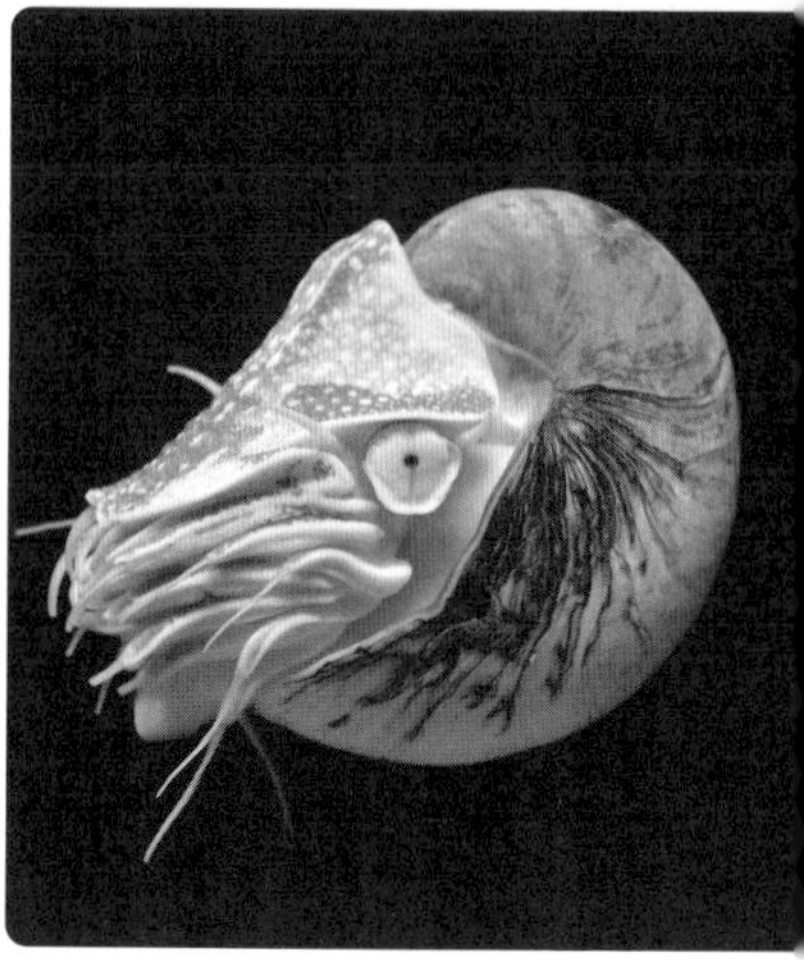

海の中を泳ぐオウムガイの仲間。

化石といえる。

　生きている化石は、広い意味では、古い時代には広い範囲《はんい》に生息していたけれど、今ではわずかなかぎられた地域《ちいき》にしか生息していない生き物だ。それと、昔はたくさんの種がいたけれど、今ではほんの数種しか残っていない生き物などをふくむという考え方もある。

　ところで、人間にもっとも身近な生きている化石は「ゴキブリ」かもしれない。ゴキブリは、今から三億年前には地球上にあらわれていたというから、生き物としての歴史《れきし》は、人間よりもはるかに長い。古い地層《ちそう》からは、今のゴキブリとほとんど姿《すがた》が変わっていない化石が数多く発見されている。

ゴキブリは世界に四千種以上がいて、日本ではそのうちの六十種ほどが知られている。たしかに、ゴキブリは生命力が強くて子孫を残す能力《のうりょく》も高く、運動能力《のうりょく》もばつぐんだ。いくら人間にきらわれても、すぐれた生き物であることはまちがいないだろう。

地球上の生き物の歴史《れきし》は、新しくうまれたり絶滅《ぜつめつ》したりのくりかえしだ。また、地球環境《かんきょう》の大きな変化で、生き物が大量に絶滅《ぜつめつ》した時期が何度もあった。たとえば、今から約六千六百万年前には、恐竜《きょうりゅう》をはじめとする多くの生き物が一気に地球から姿《すがた》を消した。

今、地球上にいる生き物は、自分がすむ環境《かんきょう》やくらし方にあわせて、長い時間をかけて姿《すがた》や体の仕組みを進化させてきたのだ。

では、生きている化石とよばれる生き物たちは、なぜ変わらないままで数々《かずかず》の危機《きき》をのりこ

ゴキブリの化石。

え、現代《げんだい》まで生き残ることができたのだろうか。その疑問《ぎもん》をとくために、さまざまな研究が進められている。シーラカンスや深海生物の場合は、水温などの変化が少なく、敵《てき》やライバルがあまりいない深海という特殊《とくしゅ》な環境《かんきょう》が有利だったという説もある。もしかすると、種によっては進化する必要がなかっただけという可能性《かのうせい》だってある。残念ながら、まだまだわからないことのほうがずっと多い。

なにより心配なのは、生息数がへってしまい、今度こそ絶滅《ぜつめつ》の危機《きき》に追いこまれつつある生きている化石も少なくないということだ。

深海魚の不思議《ふしぎ》

ひと味ちがう魚の話

海は広い。地球の表面積は約五億一千万平方キロメートルで、その七割《わり》を海が占《し》める。海の水を全部抜《ぬ》けば、そこには、陸地と同じように高い山や平地、でこぼこの斜面《しゃめん》など、いろいろな地形があらわれる。そして海は深い。海の深さは場所によってちがっているが、平均《へいきん》すると約三千八百メートル。もっとも深い海は、マリアナ海溝《かいこう》の深さ一万九百八十三メートル。世界最高峰《さいこうほう》のエベレスト山（八千八百四十八メートル）よりも少し深い。

海は、深さによって五つの層《そう》に分けられている。水深二百メートルまでを表層《ひょうそう》とよび、それ以上の深い海が「深海」だ。二百メートルでは浅く感じるかもしれないが、

海《うみ》の5つの層《そう》と水深

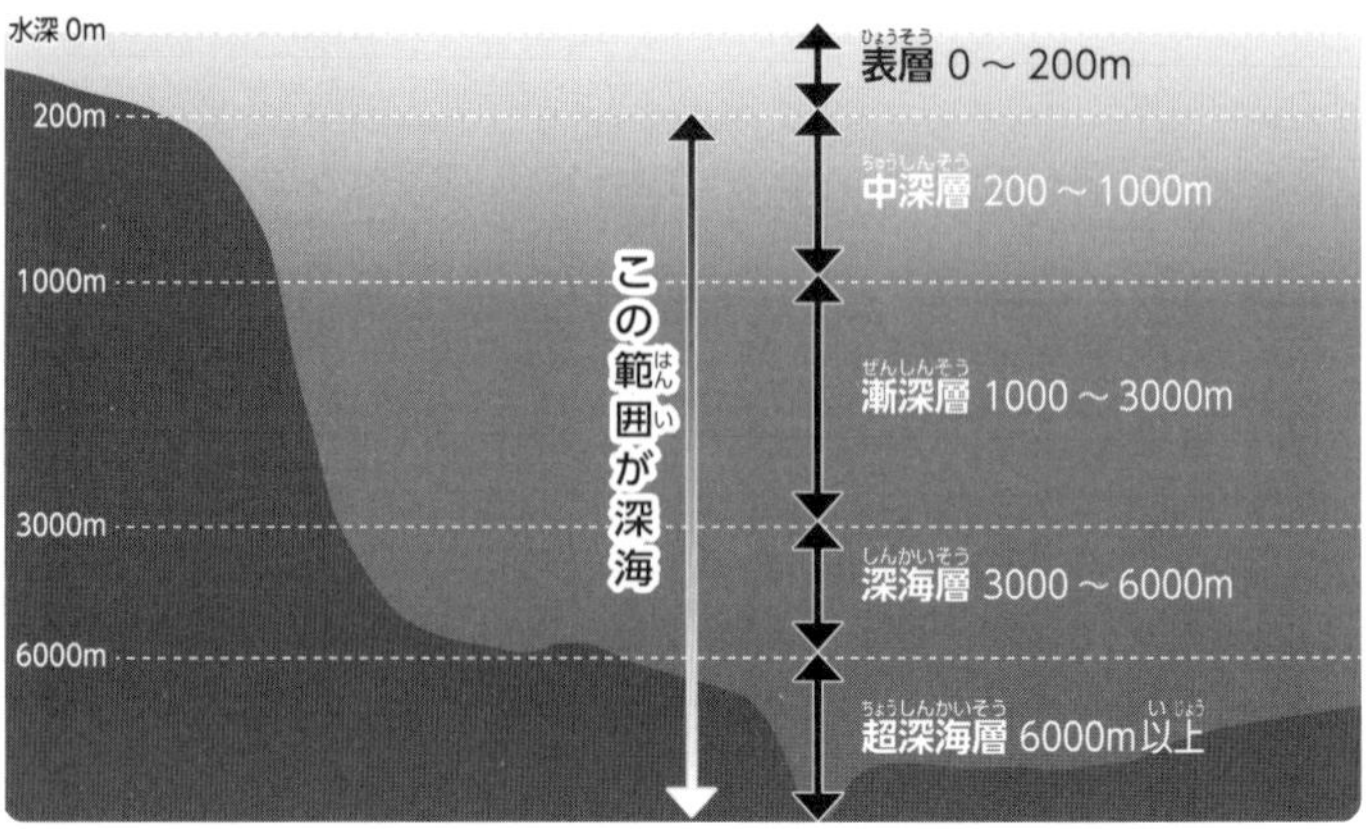

それより深いと海面から差しこむ太陽の光がとどかなくなる。深海は一千メートルまでが中深層《ちゅうしんそう》、三千メートルまでが漸深層《ぜんしんそう》、六千メートルまでが深海層《しんかいそう》、それより深い海が超深海層《ちょうしんかいそう》とよばれる（上の図）。

深海は暗黒の世界だ。光がとどかないので、水温が低く、二～四度しかない。多くの生き物のエサとなる植物プランクトンも育たない。しかも、深くなるほど高い水圧《すいあつ》がかかってくる。水深六千五百メートルでは、小指の先に、四人の相撲《すもう》の力士《りきし》が全体重をかけて乗るほどの圧力《あつりょく》になるという。

暗くて寒くて、水圧《すいあつ》が高くて、しかも食べ物が少ない深海は、生き物にとって、きわめて厳《きび》しい環境《かんきょう》だ。以前は、深海には生き物がほとんどすんでいないと思われていた。しかし、深海を探査《たんさ》する技術《ぎじゅつ》の発達で、たくましく生きるいろいろな深海生物がいることがわかってきた。

深海生物は、陸上の生き物とはもちろんちがい、表層《ひょうそう》にすむ生き物ともちがう独特《どくとく》の姿《すがた》をしているものが多い。なかには、モンスターのような奇妙《きみょう》な体のつくりをしているものもいる。驚《おどろ》くような方法を使って獲物《えもの》をつかまえるものもいる。どれもが、厳《きび》しい環境《かんきょう》をのりこえるように進化して、そのような姿《すがた》になったと考えられている。ここでは、いくつかの深海魚について、姿《すがた》やくらしぶりを紹介《しょうかい》しよう。

真っ暗な海で、エサを見つけるために目を発達させたのは「デメニギス」だ。透明《とうめい》なカプセルのような頭の奥《おく》に、かすかな光でも感じとる上向きについた大きな緑色の目がある。エサを取るときには、目が回転して前をむくのだ。

小さな発光器を持ち、自分が光ってエサをおびきよせたりする

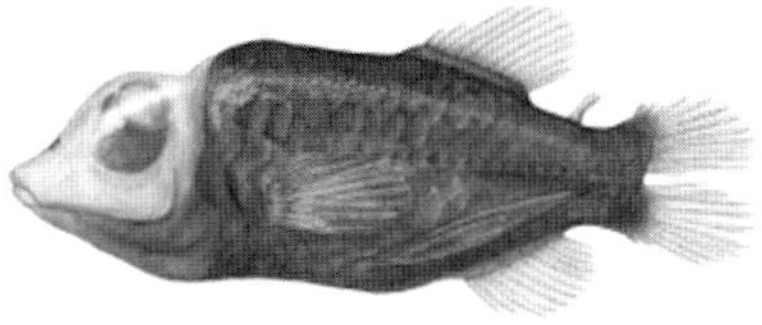

デメニギス（CG画像《がぞう》）

頭部が異様《いよう》に大きく、おそろしい姿《すがた》のオニキンメ。

深海魚もいる。目の下に発光器を持つ「ヒカリキンメダイ」は、光を点滅《てんめつ》させて仲間同士《どうし》の合図に使っているようだ。反対に、目をなくしてしまった深海魚もいる。

めったにエサにありつけない深海魚には、確実《かくじつ》に獲物《えもの》にかぶりつこうと、体にくらべて大きな口を持つものが多い。たとえば、「フクロウナギ」は、細長い体の先に、頭蓋骨《ずがいこつ》の十倍ほどもある大きなあごを持つ。カパッと大きく口を開いて海水ごと獲物《えもの》を飲みこみ、えらから海水をはきだす仕組みだ。口に入れた獲物《えもの》を絶対《ぜったい》に逃《に》がさないのは、上下のあごに長くするどい牙《きば》を持つ「ホウライエソ」や「オニキンメ」だ。牙《きば》が檻《おり》のような役割《やくわり》をするのだが、その顔は鬼《おに》のお面にも見える。口だけではなく、とび抜《ぬ》けて大きくてのびちぢみする胃《い》を持つ「オニボウズギス」は、自分よ

チョウチンアンコウの仲間。

り大きな獲物《えもの》を飲みこむことができる。「チョウチンアンコウ」の仲間は、頭にエスカとよばれる細長いひものようなものがついている。エスカは先端《せんたん》が光り、釣《つ》りざおのように動かして獲物《えもの》を引きよせる。ほかにも、体からアンテナをのばしたり、海底にへばりつくようにしたりして獲物《えもの》を探《さが》しあてる種や、待《ま》ち伏《ぶ》せが得意《とくい》な種など、さまざまな深海魚が知られている。

それにしても、深海魚はなぜ深海で生きていられるのだろう。一説には、体に水分や油分が多く、体内の圧力《あつりょく》と水圧《すいあつ》とのバランスをとっているためなどといわれる。体のうきしずみを調整する浮《う》き袋《ぶくろ》を持たない深海魚もいる。ふだん水圧《すいあつ》の高いと

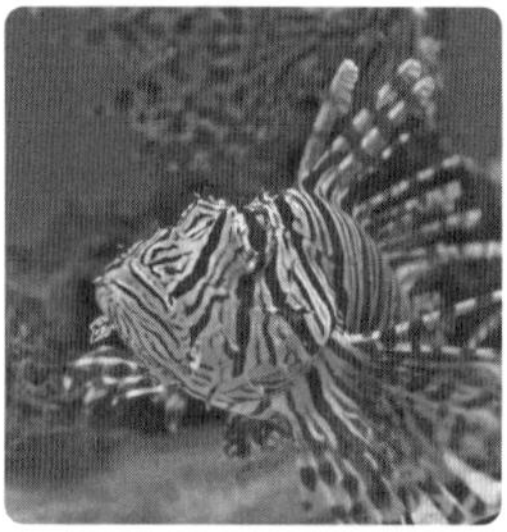

深海魚を専門《せんもん》に展示《てんじ》する沼津港《ぬまづこう》深海水族館（静岡《しずおか》県沼津市《けんぬまづし》）。展示《てんじ》されているハナミノカサゴ（左上）とダイオウグソクムシ（左下）。

ころにすんでいる深海魚のなかには、漁の網《あみ》にかかって圧力《あつりょく》の低い船上にひきあげたとたん、目や内臓《ないぞう》が飛びだしてしまうものがいる。深海魚は、いきなり深海でくらしはじめたのではなく、少しずつ体が深海になれるように変わっていったのではないかと考えられている。ただ、体の仕組みやくらし方には、まだまだわかっていないことが多い。

飼育技術《しいくぎじゅつ》の進歩で、深海魚を飼育《しいく》している水族館もふえてきた。ウェブサイトで紹介《しょうかい》されることもあるので、チェックして出かけてみると、おもしろい発見があるかもしれない。

ところで、深海魚は食べられるのだろうか。

そのこたえはイエスだ。それどころか、ふだん食べるメニューのなかにもよく登場している。食料品店などでは、魚のままの形で見ることはあまりないうえに、ちがう名前で売られていることが多いだけなのだ。切り身や干物《ひもの》、カマボコなどの練《ね》り物《もの》の材料にもよく使われている。たとえば、「キンメダイ」や「アンコウ」などは、高級食材として人気がある。まだだれも食べたことのない深海魚のなかにも、おいしいものがあるかもしれない。ちなみに、魚ではないけれど、巨大《きょだい》な「ダイオウイカ」も深海生物のひとつだ。イカはおいしい食材だが、ダイオウイカはアンモニア臭《しゅう》がひどく、食べてもまずいらしい。

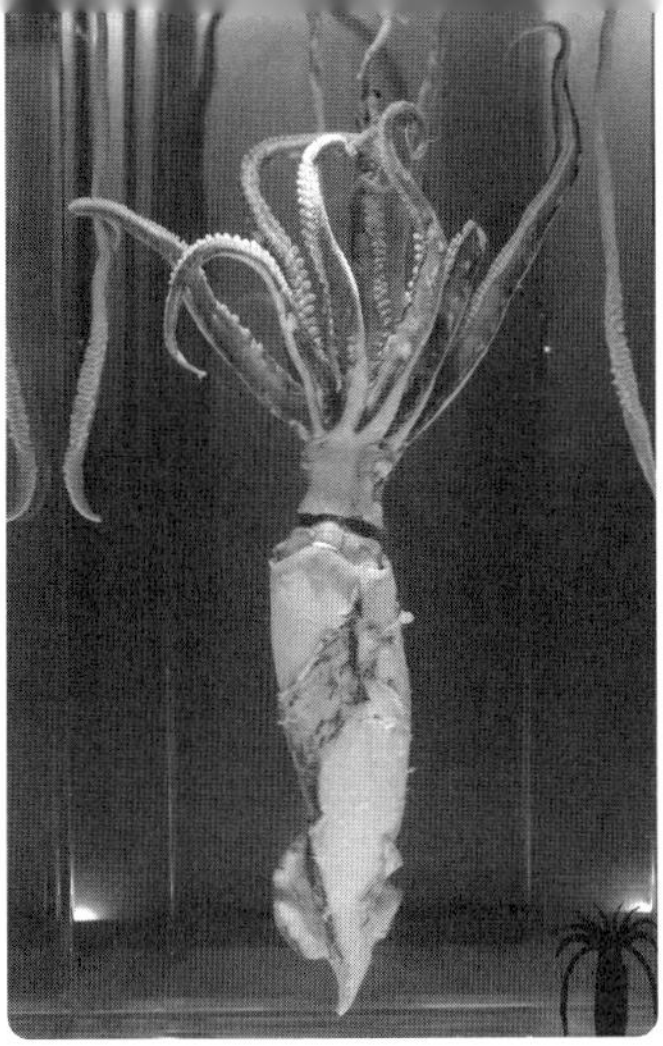
ダイオウイカの標本。

最後に、深海探査《たんさ》に欠かせない技術《ぎじゅつ》を紹介《しょうかい》しよう。人間が直接《ちょくせつ》もぐることができない深海で活躍《かつやく》するのが深海探査船《たんさせん》だ。JAMSTEC《ジャムステック》が所有する「しんかい6500」は、人を乗せて

国立科学博物館（東京都台東区《たいとうく》）に展示《てんじ》されている「しんかい6500」の2分の1模型《もけい》。

深さ六千五百メートルの深海にもぐることができる。性能《せいのう》の高いカメラで深海を撮影《さつえい》し、ロボットハンドで深海生物を採集《さいしゅう》するなど、これまで数々《かずかず》の深海のなぞをときあかしてきた。深さ四千五百メートルまでもぐる無人探査機《たんさき》「ハイパードルフィン」は、高性能《こうせいのう》のカメラを搭載《とうさい》して海の中の貴重《きちょう》な映像《えいぞう》を地上に送りとどける。また、無人で動作する水中ドローンの開発なども進められている。しんかい6500は、千七百回も海にもぐり、設計上《せっけいじょう》の使用の寿命《じゅみょう》が近づいているという。そのあとをつぐのは、いったいどんな技術《ぎじゅつ》をそなえた探査船《たんさせん》あるいは探査《たんさ》システムなのだろうか。

生態系《せいたいけい》を乱《みだ》す生き物たち

釣《つ》りの魚として人気があるオオクチバス（ブラックバス）。特定外来生物に指定されている。

魚《さかな》釣《つ》りが好きな人でなくても、「ブラックバス」という名前を聞いたことがあるだろう。ブラックバスは、オオクチバスとコクチバスという北アメリカ原産の淡水魚《たんすいぎょ》の総称《そうしょう》だ。日本にはすんでいなかったが、一九二五年にはじめて海外から持ちこまれ、神奈川県《かながわけん》の芦ノ湖《あしのこ》に釣《つ》り用《よう》や食用として放流された。ブラックバスは、それからどんどん広がり、今では日本中の川や池、湖などで普通《ふつう》に見られる魚になった。いや、なってしまったのだ。

ブラックバスは、外来種とよばれる生き物のひとつだ。「外来種」とは、もともとその地域《ちいき》にいなかったけれど、人間の活動によって持ちこまれた生き物のこと。それに対して、もとからその地域《ちいき》でくらしている生き物の種を「在来種《ざいらいしゅ》」という。また、特定の国や地域《ちいき》だけにすむ種を「固有種」とよぶ。日本だけにすんでいれば日本固有種だ。外来種が自然環境《かんきょう》に深刻《しんこく》な事態《じたい》を引き起こしているとして、大きな問題になっている。外来種のいったい何が、どんなふうに問題だというのだろうか。

まず、外来種が持ちこまれた理由と、その結果、どうなったかの例をいくつか見てみよう。最初に紹介《しょうかい》したブラックバスは、すさまじい食欲《しょくよく》で魚や昆虫《こんちゅう》、鳥のひなまで、手あたりしだいに食べ、しかも繁殖力《はんしょくりょく》が強い。そのため、日本にもとからいた生き物たちは食べられたり、食べ物をうばわれたりして、どんどん数がへってしまった。かわいい姿《すがた》からペットとして持ちこまれた「アライグマ」は、じつは人になつかず気性《きしょう》が荒《あら》い。たまりかねた飼《か》い主《ぬし》が野外にすててしまい、野生化して畑の作物などを荒《あ》ら

顔の横にある赤いもようが特徴《とくちょう》のミシシッピアカミミガメ（ミドリガメ）。

愛らしい姿《すがた》に似合《にあ》わず、気性《きしょう》の荒《あら》いアライグマ。

すようになった。ミドリガメという名前で知られる「ミシシッピアカミミガメ」も、すてられたり、逃《に》げだしたりした結果、各地の池や川で大繁殖《だいはんしょく》し、在《ざい》来種《らいしゅ》のカメと数が逆転《ぎゃくてん》してしまっている。「グリーンアノール」というトカゲは、沖縄《おきなわ》や小笠原《おがさわら》の固有種である貴重《きちょう》な昆虫《こんちゅう》やクモなどを食べて絶滅《ぜつめつ》の危機《きき》に追いやっている。ほかにも、食用として持ちこまれた「ウシガエル」、毛皮用の「アメリカミンク」、実験用に持ちこまれた「アカゲザル」など、問題になっている外来種をかぞえるときりがないほどだ。「え、これも外来種だったの?」と驚《おどろ》く生き物もいるかもしれない。

外来種は、目的があって持ちこまれたものだけではない。荷物などにまぎれて入ってくるアリなどの昆虫《こんちゅう》や、船にくっついて運ばれてくる貝や甲殻類《こうかくるい》もいる。動物だけでなく、日本のいたるところで繁殖《はんしょく》している植物のなかにも外来種は多い。

外来種によるもっとも大きな問題は、その地域《ちいき》の生態系《せいたいけい》をこわしてしまうことだ。自然は、もともとそこにすんでいるさまざまな生き物が、食う側と食われる側の関係で複雑《ふくざつ》につながって、ピラミッドのような生態系《せいたいけい》をたもっている。そこに外来種が入りこめば、当然、生態系《せいたいけい》のバランスがくずれてしまうだろう。それまで、ある地域《ちいき》で最強を誇《ほこ》っていた在来種《ざいらいしゅ》が、外来種との食べ物やすみかをめぐる争いに負けて追い出されてしまったり、死《し》に絶《た》えてしまったりすることさえある。もちろん、持ちこまれた生き物たちが生き残るとはかぎらないが、こわれてしまった生態系《せいたいけい》をもとにもどすのは、とてもむずかしいのだ。

また、外来種と在来種《ざいらいしゅ》が近い種同士《どうし》の場合、雑種《ざっしゅ》の子どもができることがある（交《こう》雑《ざつ》という）。近年では、ニホンザルとアカゲザルとの交雑《こうざつ》が問題になっている。雑種《ざっしゅ》がふえていけば、やがて、その地域《ちいき》のニホンザルは絶滅《ぜつめつ》してしまうかもしれない。国外からの外来種は、日本にいない寄生虫《きせいちゅう》や病気を運んできて、在来種《ざいらいしゅ》の動物や植物に害をあたえることもある。

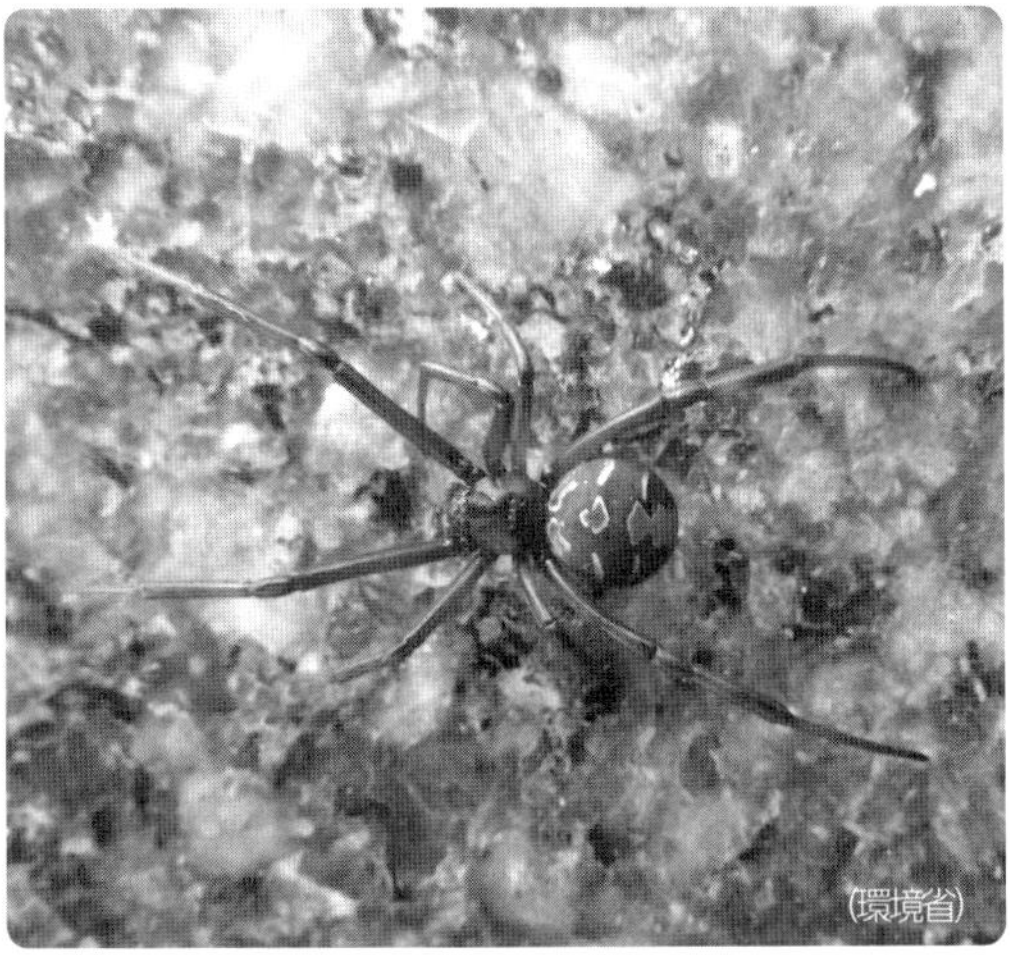

背中《せなか》の赤い点が目立つセアカゴケグモ。

外来種は人間にとっても問題になる。一九九五年には、毒《どく》を持つ「セアカゴケグモ」が見つかって大さわぎになった。今では日本のあちらこちらで繁殖《はんしょく》もしている。人間の指をかみちぎるほど強いあごを持つ「ワニガメ」も、沼《ぬま》や水路などで見つかってニュースになっている。

外来種によって農作物が食《く》い荒《あ》らされる被害《ひがい》も、農家にとっては大問題になる。二〇二四年現在《げんざい》、日本で見つかっている海外からの外来種は二千種を超《こ》えるという。外来種のなかでも、とくに地域《ちいき》の自然環境《かんきょう》に大きな影響《えいきょう》をあたえ、生態系《せいたいけい》をこわすおそれのあるものは「侵略的《しんりゃくてき》外来種」とよばれる。

ところで、外来種は、海外からきたものだけとはかぎらない。たとえば、本州にしかいないはずの生き物が北海道に入ってきたとしたら、その生き物は、北海道では外来種（「国内外来種」ともいう）となる。

日本では、外来種から生態系《せいたいけい》を守り、人間のくらしや農業、水産業に被害《ひがい》をあたえないようにするための法律《ほうりつ》をさだめて、問題の解決《かいけつ》に取り組んでいる。海外から持ちこまれた外来種のうち、とくに「特定外来生物」に指定されたものは、飼育《しいく》や栽培《さいばい》、販売《はんばい》はもちろん、輸入《ゆにゅう》したり、野にはなったりすることも原則《げんそく》として禁止《きんし》されている。地域《ちいき》で熱心に駆除《くじょ》活動をしている人たちもいるが、その一方で、飼《か》いきれなくなって野外にすててしまう人もいる。禁止《きんし》されている生き物の密輸《みつゆ》もあとを絶《た》たない。

また、たとえば一九七〇年代、毒《どく》ヘビのハブを退治《たいじ》する目的で、ヘビを食べる「マングース」を沖縄《おきなわ》や奄美大島《あまみおおしま》に持ちこみ、自然界にはなした。ところが、マングース

沖縄《おきなわ》に持ちこまれた特定外来生物のフイリマングース。

は、ハブよりも簡単《かんたん》に捕食《ほしょく》できるアマミノクロウサギなど、ただでさえ絶滅《ぜつめつ》が心配されている生き物を食べるようになってしまった。そのため、逆《ぎゃく》にマングースを退治《たいじ》しなくてはならなくなったのだ。一万頭にまでふえてしまったというマングースは、二〇二四年、ようやく最後の一頭を退治《たいじ》し、根絶《こんぜつ》させることに成功した。

だが、マングースは、ただ生きるために手に入る獲物《えもの》を捕食《ほしょく》しただけだ。根絶《こんぜつ》させたことによって、たしかに生態系《せいたいけい》は守られたかもしれないが、よろこぶだけでよいのだろうか。外来種とよばれる生き物たちは、けっしておそろしい悪者ではない。ほとんどは、人間のつごうでつれてこられただけの普通《ふつう》の生き物であり、むしろ被害者《ひがいしゃ》なのだ。

絶滅種《ぜつめつしゅ》を救《すく》うこころみ

地球から永遠《えいえん》に姿《すがた》を消す生き物たち

二〇二四年、一人の中学生が発表した論文《ろんぶん》が大きなニュースになった。国立科学博物館の収蔵庫《しゅうぞうこ》（茨城県《いばらきけん》つくば市）に保管《ほかん》されている動物のはく製《せい》のうち、一体が「ニホンオオカミ」だと判明《はんめい》したのだ。そのはく製《せい》はヤマイヌの一種として保管《ほかん》されていたもので、長いあいだ、だれも気づかなかった。調べてみると、今から百年ほど前に恩賜上野《おんしうえの》動物園（東京都台東区《たいとうく》）で飼育《しいく》されていたものだということがわかった。

ニホンオオカミは、かつて日本の野山にすんでいたオオカミの仲間だ。一九〇五年に捕獲《ほかく》された一頭のオスを最後に、絶滅《ぜつめつ》してしまった。今では、この中学生が見つけたものをふくめて、世界中でたった六体のはく製《せい》しか残っていない。

「絶滅《ぜつめつ》」とは、生物のひとつの種が、地球上から完全にいなくなることだ。絶滅《ぜつめつ》は、

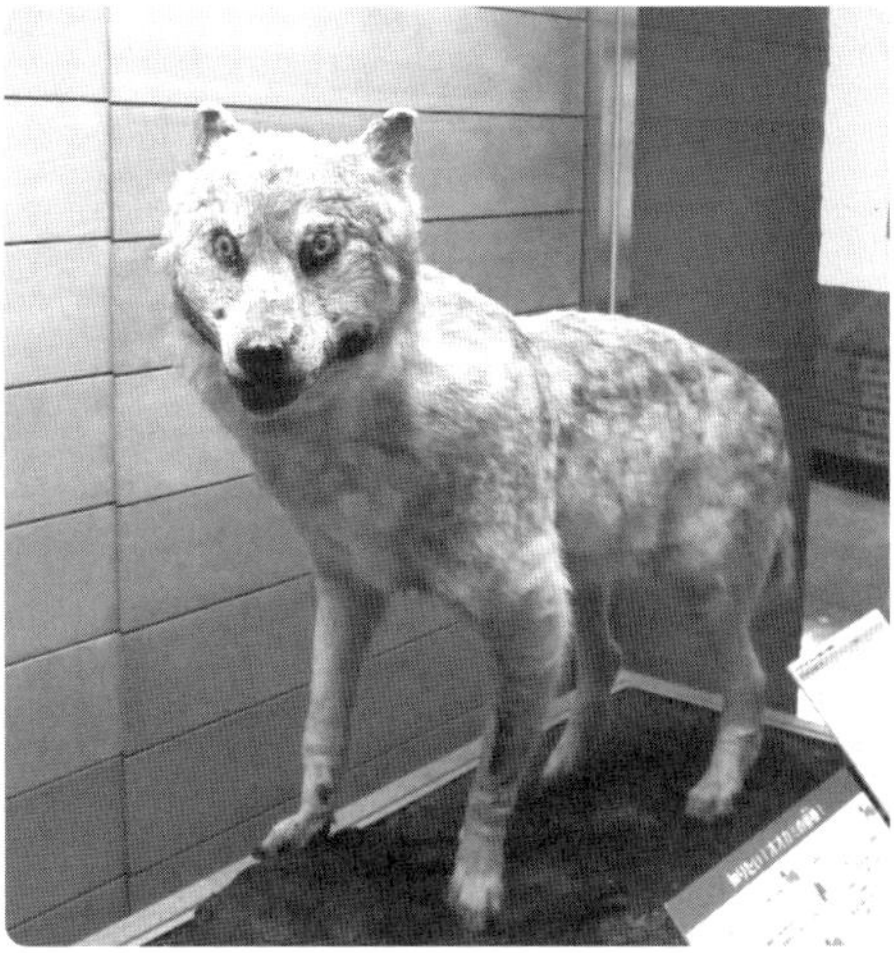

ニホンオオカミのはく製《せい》（和歌山《わかやま》大学）。

自然界ではめずらしいことではない。地球上に最初の生命がうまれたのは、およそ四十億年前で、それ以来、かぞえきれないほどの種が、誕《たん》生《じょう》と絶滅《ぜつめつ》をくりかえしてきたからだ。絶滅《ぜつめつ》する原因《げんいん》は、生物同士《どうし》の生存《せいぞん》競争に負けたり、気候が大きく変化したりしたことなどさまざまある。今から六千六百万年ほど前には、巨大《きょだい》な隕石《いんせき》が地球に衝突《しょうとつ》したことが原因《げんいん》となって、恐竜《きょうりゅう》をはじめ、多くの種が絶滅《ぜつめつ》したと考えられている。

ところが今、自然が原因《げんいん》になるものよりはるかに速いペースで、種の絶滅《ぜつめつ》が進んでいる。国際連合《こくさいれんごう》の資料《しりょう》によれば、過去《かこ》の絶滅《ぜつめつ》のペースは百年間で一万種あたり一種以下だったが、この百年間では、確認《かくにん》できているだけでも一万種あたり百種もの生物が絶滅《ぜつめつ》したという。

それには、人間の活動が大きく関係している。森林や河川《かせん》などの開発によって生物のすみかをうばったことや、農薬などの化学物質《ぶっしつ》やごみ、生活排水《はいすい》によって環境《かんきょう》をよごしたこと。食用や毛皮、羽毛、ペットとして売る目的での乱獲《らんかく》や密猟《みつりょう》。もともとその地域《ちいき》にいない種（外来種）を持ちこんで、古くからいる種（在来種《ざいらいしゅ》）を追いやってしまったこと。また、地球全体の気温が上昇《じょうしょう》してしまう地球温暖化《おんだんか》も大きな原因《げんいん》だ。人間は高い知能《ちのう》を持ち、まわりの環境《かんきょう》や生物を自分たちのつごうにあわせて利用したり、つくりかえたりして繁栄《はんえい》してきた。その結果、地球はほかの生物が生きづらい場所になってしまったのかもしれない。

日本でニホンオオカミが絶滅《ぜつめつ》した理由には、家畜《かちく》をおそう害獣《がいじゅう》として殺《ころ》されたことや、輸《ゆ》入《にゅう》された西洋犬から伝染病《でんせんびょう》が広がったことなどがある。水辺でくらしていた「ニホンカワウソ」は、毛皮を目当てにした乱獲《らんかく》や生息環境《かんきょう》の悪化で姿《すがた》を消した。「ミナミトミヨ」という小型《こがた》の淡水魚《たんすいぎょ》も、湧《わ》き水《みず》の出る小川や池がへったり、水質《すいしつ》が悪化したりしたことが原因《げんいん》で、一九六〇年代には絶滅《ぜつめつ》したと判断《はんだん》された。かつて全国のたんぼで普通《ふつう》に見られていた「トキ」も、生息環境《かんきょう》の悪化と美しい羽毛を目当てとした乱獲《らんかく》で、二〇〇三年に国内では絶滅《ぜつめつ》してしまった。
　海外でよく知られているのは、海でくらすジュゴンの仲間の「ステラーカイギュウ」だ。最初に見つかってからたった二十七年で、肉を目当てに人間にとりつくされてしまったのだ。インド洋の島にすんでいた「ドードー」は『不思議《ふしぎ》の国のアリス』にも登場する有名な飛べない鳥だ。その島にやってきた船乗りが食用にしただけでなく、つれてきた家畜《かちく》が卵《たまご》やひなを食べ、島が発見されてから百五十年ほどで絶滅《ぜつめつ》してしまった。

ドードーの想像図《そうぞうず》。

　国際的《こくさいてき》な自然保護《ほご》団体《だんたい》である国際《こくさい》自然保護《ほご》連合（IUCN）は、絶滅《ぜつめつ》のおそれのある野生生物のリストを、九つの段階《だんかい》に分けて公表している。「レッドリスト」とよばれるものだ。二〇二四年現在《げんざい》、絶滅《ぜつめつ》の危機《きき》にある生物は四万六千種を超《こ》える。日本でも環境省《かんきょうしょう》や各都道府県などが日本版《にほんばん》のレッドリストをつくっていて、五年ごとに見直されている。これらのレッドリストは、ウェブサイトでだれでも見ることができる。

環境省《かんきょうしょう》レッドリスト
2020カテゴリー（ランク）

分類		定義《ていぎ》
絶《ぜつ》滅《めつ》		わが国では、すでに絶滅《ぜつめつ》したと考えられる種
野生絶滅《ぜつめつ》		飼育《しいく》・栽培《さいばい》下《か》、あるいは自然分布域《ぶんぷいき》のあきらかに外側で野生化した状態《じょうたい》でのみ存続《そんぞく》している種
絶滅危惧種《ぜつめつきぐしゅ》	絶滅危惧《ぜつめつきぐ》I類	絶滅《ぜつめつ》の危機《きき》にひんしている種
	絶滅危惧《ぜつめつきぐ》IA類	ごく近い将来《しょうらい》における野生での絶滅《ぜつめつ》の危険性《きけんせい》がきわめて高いもの
	絶滅危惧《ぜつめつきぐ》IB類	IA類ほどではないが、近い将来《しょうらい》における野生での絶滅《ぜつめつ》の危険性《きけんせい》が高いもの
	絶滅危惧《ぜつめつきぐ》II類	絶滅《ぜつめつ》の危険《きけん》が増大《ぞうだい》している種
準絶滅危惧《じゅんぜつめつきぐ》		現時点《げんじてん》での絶滅危険度《ぜつめつきけんど》は小さいが、生息条件《じょうけん》の変化によっては「絶滅危惧《ぜつめつきぐ》」に移行《いこう》する可能性《かのうせい》のある種
情報《じょうほう》不足		評価《ひょうか》するだけの情報《じょうほう》が不足している種
絶滅《ぜつめつ》のおそれのある地域個体群《ちいきこたいぐん》		地域的《ちいきてき》に孤立《こりつ》している個体群《こたいぐん》で、絶滅《ぜつめつ》のおそれが高いもの

たんぼに降《お》り立《た》ったトキ。朱鷺色《ときいろ》とよばれる羽が美しい。

もちろん、生物を絶滅《ぜつめつ》から守る活動もさかんにおこなわれている。

「トキ」は日本国内では絶滅《ぜつめつ》したが、中国に同じ種が残っていたことから、一九八〇年代後半から両国が協力して保護《ほご》と繁殖《はんしょく》への取り組みがはじまった。今では、日本の施設《しせつ》でうまれたトキを自然の中にもどすこともおこなわれている。自然界にはなされたトキが卵《たまご》をうみ、ひなを育てる姿《すがた》も見られるようになった。

同じく鳥の「アホウドリ」は、一度は絶滅《ぜつめつ》したと思われていた。明治《めいじ》時代、伊豆諸島《いずしょとう》の鳥島《とりしま》には、一面が白く見えるほどのアホウドリがいた。しかし、羽毛をとるために人が入り、急激《きゅうげき》に数をへらしてしまう。一人が一日に百羽から二百羽を捕獲《ほかく》したという記録が残っている。動きが遅《おそ》くて簡単《かんたん》につかまるので、アホウドリという名前がついたというほどだ。そして、一九四九年、ついに絶滅《ぜつめつ》した可能性《かのうせい》が高いと宣言《せんげん》されてしまった。ところが、その後に、ごく少数が生き残っていることがわかり、保護《ほご》と生息地の保全《ほぜん》活動がはじまった。二〇二三年には八千羽近くまでふえているという。

国の特別天然記念物に指定されているアホウドリ。

秋田県《あきたけん》の田沢湖《たざわこ》にだけすむ「クニマス」も、一九四〇年に一度は絶滅《ぜつめつ》と判断《はんだん》された淡水魚《たんすいぎょ》だ。それから七十年後の二〇一〇年、山梨県《やまなしけん》の西湖《さいこ》で生息しているのが発見され、うれしいニュースとして報《ほう》じられた。

じつは、ニホンオオカミもニホンカワウソも、今でもどこかに生きているのではないかと考える人たちがいる。姿《すがた》を見たという情報《じょうほう》もたびたび聞かれる。それが本当なら、復活《ふっかつ》することも

ドルトムント動物園（ドイツ）のミナミシロサイ。サイの仲間はどれも絶滅《ぜつめつ》が心配されている。

夢《ゆめ》ではないかもしれない。

　というのは、最新の生命科学の技術《ぎじゅつ》を使って、絶滅寸前《ぜつめつすんぜん》の「キタシロサイ」を復活《ふっかつ》させようとする計画があるからだ。キタシロサイは、角《つの》を漢方薬《かんぽうやく》（薬になるというのは迷信《めいしん》）などの材料にするための密猟《みつりょう》があとを絶《た》たず、今では地球上に二頭のメスしか残っていない。子孫ができないので絶滅《ぜつめつ》は目前だ。そこで、冷凍保存《れいとうほぞん》されているオスの精子《せいし》とメスの卵子《らんし》で、近い種のミナミシロサイを代理母にして子孫を残そうという研究がはじまっている。キタシロサイの細胞《さいぼう》から、生殖細胞《せいしょくさいぼう》をつくりだす研究もおこなわれているという。

　生物を絶滅《ぜつめつ》に追いやった時代を終わらせ、絶滅《ぜつめつ》から救《すく》いだす未来に変えるために、世界中の研究者たちの努力はつづく。

アリと蚊《か》の不思議《ふしぎ》

小さな危険《きけん》生物が日本上陸!?

気がつくと、足もとをたくさんのアリがいそがしそうに歩きまわっていることがある。まず、身近な昆虫《こんちゅう》の代表といえる「アリ」について、簡単《かんたん》に紹介《しょうかい》しておこう。

アリは、ハチと同じくハチ目《もく》というグループに属《ぞく》し、どの種もコロニーという群れでくらす社会性昆虫《しゃかいせいこんちゅう》の一種だ。ひとつのコロニーは、普通《ふつう》一匹《ぴき》の女王アリと、女王アリがうんだ子どもたちで成り立っている。アリの種の多くは巣をつくる。たとえば、日本でよく見られる「クロオオアリ」の巣には、数百から数千匹《びき》のアリがくらす。いそがしそうに見えるのは、卵《たまご》をうまないたくさんのメスの働きアリで、エサ探《さが》しから子育て、巣のそうじまで役割《やくわり》を分担《ぶんたん》してコロニーを守っている。女王アリはひたすら卵《たまご》をうみつづけ、数匹《すうひき》いるオスアリは、繁殖《はんしょく》の時期以外は何もしない。アリについて

アリの家族。大きいのが女王アリ。

は、教科書で紹介《しょうかい》しているし、手軽な飼育《しいく》セットも売られているので、生態《せいたい》を調べたり、くらしを観察したりしたことがある人もいるだろう。

世界では一万種以上のアリが知られていて、日本には「クロヤマアリ」や「サムライアリ」など三百種ほどのアリがいる。

「イソップ物語」のひとつ『アリとキリギリス』の影響《えいきょう》もあって、アリは働き者というイメージを持つ人が多いだろう。ところが、アリの研究者によると、巣の中の働きアリの七割《わり》は、仕事をさぼっていることがあるそうだ。なかには、一生働かないアリまでいるという。どうやらアリは、働き者というわけでもないようだ。とはいっても、ずっとさぼっているアリも、「今が働くときだ」というスイッチが入ればしっかり動きだす。全部のアリが同時に働くと、いっせいに疲《つか》れてしまってコロニーが守れなくなってしまう危険《きけん》がある。さぼっているアリたちのスイッチが入るのは、そんな危険《きけん》を感じたときらしい。

クロオオアリ

野外で見るアリは見ていて楽しいが、家の中で見つけてしまうと、少しも楽しいとは思えないだろう。アリは、ちょっとしたすきまや壁《かべ》のわれめなど、どこからでも行列をつくって入りこむので、追い出すのはたいへんだ。めったにないけれど、かまれたり、蟻酸《ぎさん》という毒《どく》を持つおしりの針《はり》で刺《さ》されたりするなどの被害《ひがい》を受けることもある。

ちなみに、建物の木材を内側から食べてぼろぼろにする「シロアリ」は、名前はアリでもゴキブリに

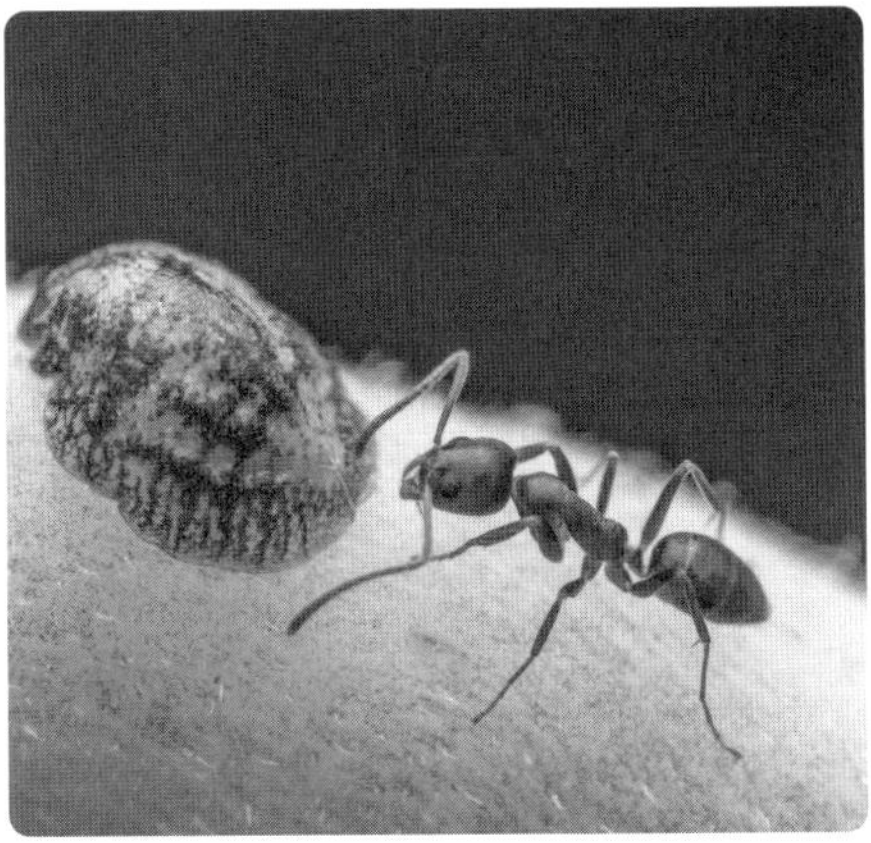

アルゼンチンアリ

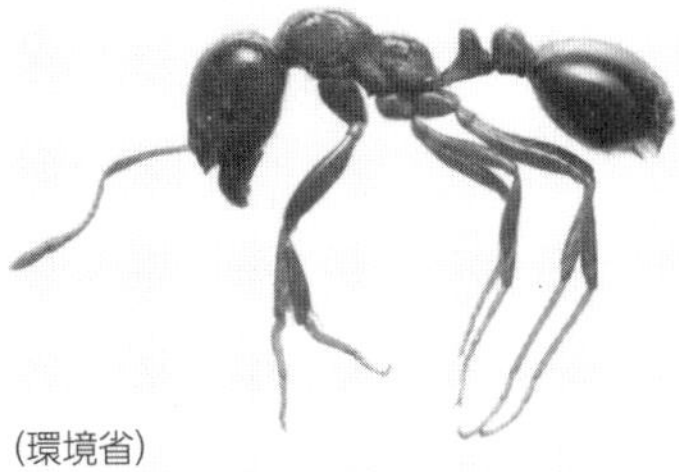

（環境省）

ヒアリ

近いグループの昆虫《こんちゅう》で、アリではない。
　アリのなかでも深刻《しんこく》な問題となっているのは、海外から荷物にまぎれて、いつのまにか日本に入りこむ危険《きけん》な種だ。二〇一七年、日本ではじめて「ヒアリ」が発見されて大さわぎになった。ヒアリは、もともと南アメリカ大陸の中部に生息する小型《こがた》のアリで、漢字で書くと「火《ひ》蟻《あり》」。その名のとおり、刺《さ》されると、やけどをしたようなはげしい痛《いた》みがあり、最悪の場合はアレルギー反応《はんのう》を引き起こして死ぬことさえある。また、一九九三年に発見された南アメリカ原産の「アルゼンチンアリ」は、輸入《ゆにゅう》された木材などにまぎれて日本に入り、すでに各地に広がっている。人を刺《さ》すなどの被害《ひがい》はないが、家の中に群れで入りこむことがある。なにより、攻撃的《こうげきてき》な性質《せいしつ》で、ほかのアリなどをおそって食べつくしてしまうなど、生態系《せいたいけい》に影響《えいきょう》をあたえるやっかいな存在《そんざい》なのだ。

やっかい者《もの》といえば、もうひとつ思いうかぶのは「蚊《か》」だ。蚊《か》も、古くから日本人にも身近な昆虫《こんちゅう》のひとつだが、アリとちがってきらわれ者だ。だれでも、蚊《か》に刺《さ》された手や足がかゆくなったことがあるだろう。また、夜、寝《ね》ているときに耳元でプーンと羽音がして、目がさめてしまった経験《けいけん》のある人も多いのではないだろうか。

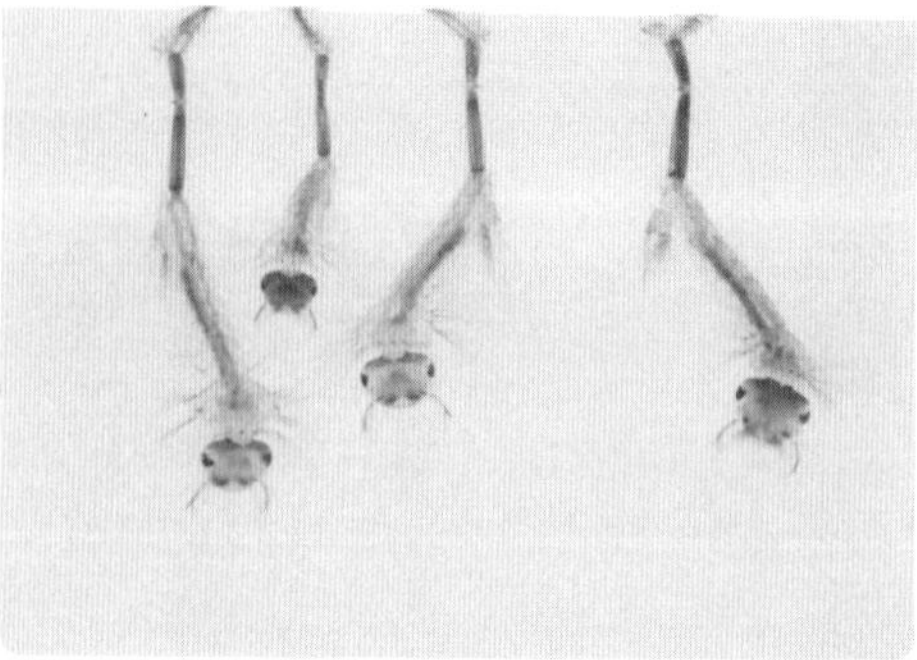

蚊《か》の幼虫《ようちゅう》（ボウフラ）。水面におしりを出して呼吸《こきゅう》する。

蚊《か》についても、簡単《かんたん》に紹介《しょうかい》しておこう。蚊《か》は、ハエ目《もく》に属《ぞく》し、ハエに近い昆虫《こんちゅう》。二枚《まい》のはねを持ち、頭部の触角《しょっかく》と細長い口が目立つ。成虫になるまで水の中でくらし、幼虫《ようちゅう》はボウフラ、蛹《さなぎ》はオニボウフラとよばれる。世界には約三千六百種の蚊《か》が知られていて、日本では約百種が見つかっている。

あまり知られていないが、蚊《か》は一年中ずっと血を吸《す》っているわけではない。ふだんは、野外で花の蜜《みつ》を吸《す》って静かにくらしている。血を吸《す》うのはメスで、それも卵《たまご》をつくるために栄養が必要な短い期間だけだ。人の体温や、人が呼吸《こきゅう》するときに出す二酸《にさん》化炭素《かたんそ》などを感じて、家の中にもやってくる。また、まったく血を吸《す》わない種もいる。

蚊《か》の口は、刺《さ》された人に痛《いた》みを感じさせない特殊《とくしゅ》なつくり（148ページ参照）をしていて、蚊《か》が刺《さ》したときに出す唾液《だえき》には、血がかたまらなくなる成分がふくまれている。かゆくなるのも唾液《だえき》の成分のせいだ。たった二ミリグラムほどの血を吸《す》えば、蚊《か》は満《まん》腹《ぷく》になるらしいが、刺《さ》されたほうは赤くはれていつまでもかゆいのだから、よけいに腹立《はらだ》たしい気分になるというものだ。

蚊《か》の種類によって、好みの動物があることもわかっている。たとえば、「ヒトスジシマカ」は、人をふくむホ乳類《にゅうるい》によってくる。「アカイエカ」も、よく人によってくるが、鳥の血も好きだ。ハ虫類《ちゅうるい》や両生類の血をねらう種もいる。蚊《か》は、今から一億年以上前には地球上にあらわれていたので、恐竜《きょうりゅう》の血を吸《す》う蚊《か》もいたのかもしれない。

人の血を吸《す》うアカイエカ。

ところで、世界でもっとも多く人を殺《ころ》している生き物は人ではなく、小さな蚊《か》たちだという。なぜなら、蚊《か》はおそろしい感染症《かんせんしょう》の運び屋なのだ。

代表的な感染症《かんせんしょう》のひとつであるマラリアは、体の中にマラリア原虫《げんちゅう》を持つ「ハマダラカ」によって感染《かんせん》が広がる。蚊《か》が人の血を吸《す》うときに、マラリア原虫が人の血管に入りこむためだ。発症《はっしょう》した人の血を吸《す》った蚊《か》の体内にはマラリア原虫《げんちゅう》が入りこむので、別の人の血を吸《す》うときに唾液《だえき》をとおして感染《かんせん》させる。こうしてどんどん広がり、二〇二〇年は一年間に約二億四千万人が感染《かんせん》して、六十二万人以上が命を失っている。

同じくデング熱という感染症《かんせんしょう》を引き起こすデングウイルスの運び屋には、「ヒトスジシマカ」と「ネッタイシマカ」が知られている。デング熱は熱帯地方を中心に広がっていて、二〇二三年には五百万人以上が感染《かんせん》し、五千人以上の死者が報告《ほうこく》されている。

マラリアの流行地域《ちいき》と感染《かんせん》の危険度《きけんど》

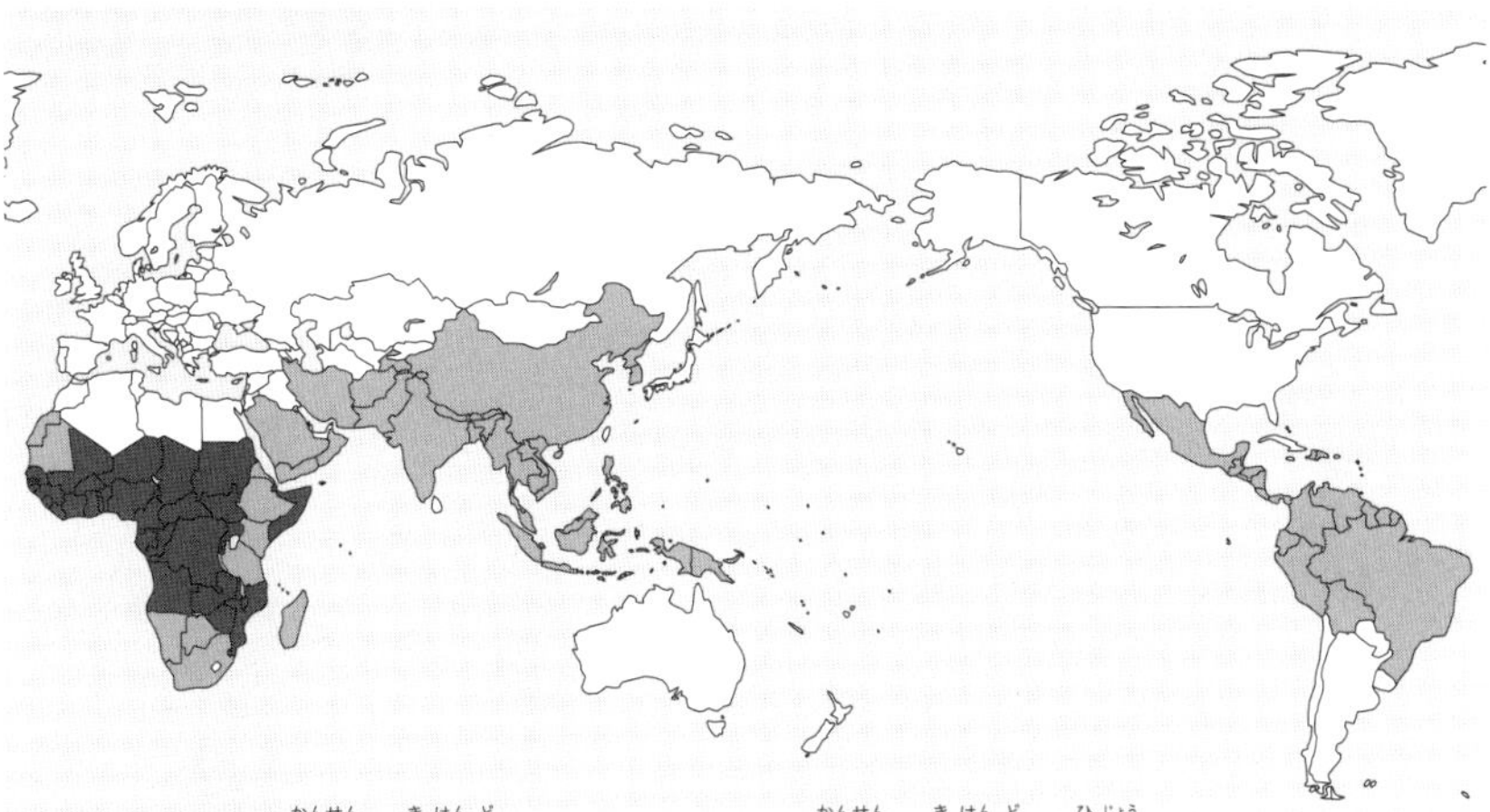

感染《かんせん》の危険度《きけんど》が高い　感染《かんせん》の危険度《きけんど》が非常《ひじょう》に高い

(厚生労働省「マラリアのリスクのある国」〈2021年〉／出典：アメリカCDC)

二〇一四年には、東京でも七十年ぶりに百人以上のデング熱の感染者《かんせんしゃ》があったことが大きなニュースになった。

地球を大きくまたいで人が移動《いどう》する現代《げんだい》は、小さいけれど危険《きけん》でやっかいな生き物が、いつ日本にやってきてすみついても、けっして不思議《ふしぎ》ではないのだ。

ちなみに、蚊《か》は自分をたたいて殺《ころ》そうとする人間を覚える能力《のうりょく》があることをしめした論《ろん》文《ぶん》がある。蚊《か》に血を吸《す》われたくない人は、しっかりと追いはらう姿勢《しせい》を見せるとよいかもしれない。

バイオミメティクス

自然のスゴ技《わざ》をものづくりにいかす

人間は、もともと弱い生き物だ。野生動物とくらべれば、筋肉《きんにく》のパワーも弱いし、戦ったり身を守ったりするための特殊《とくしゅ》な能力《のうりょく》もない。嗅覚《きゅうかく》や視力《しりょく》がすぐれているわけでもない。そのかわり人間は、発達した脳《のう》を持ち、さまざまな道具や技術《ぎじゅつ》を開発して弱点をおぎない、それらをうまく利用することで繁栄《はんえい》してきたのだ。一方、人間以外の生き物たちだって負けてはいない。長い年月のあいだに、それぞれがくらしにあった体の仕組みや特技《とくぎ》を身につけて、たくましく生きている。

じつは、人間がうみだしてきた道具や技術《ぎじゅつ》には、ほかの生き物をヒントにしてうまれたものがたくさんある。それが「バイオミメティクス」だ。バイオミメティクスとは、日本語で「生物模倣《もほう》」を意味する言葉で、簡単《かんたん》にいえば、生き物の形や体の仕組

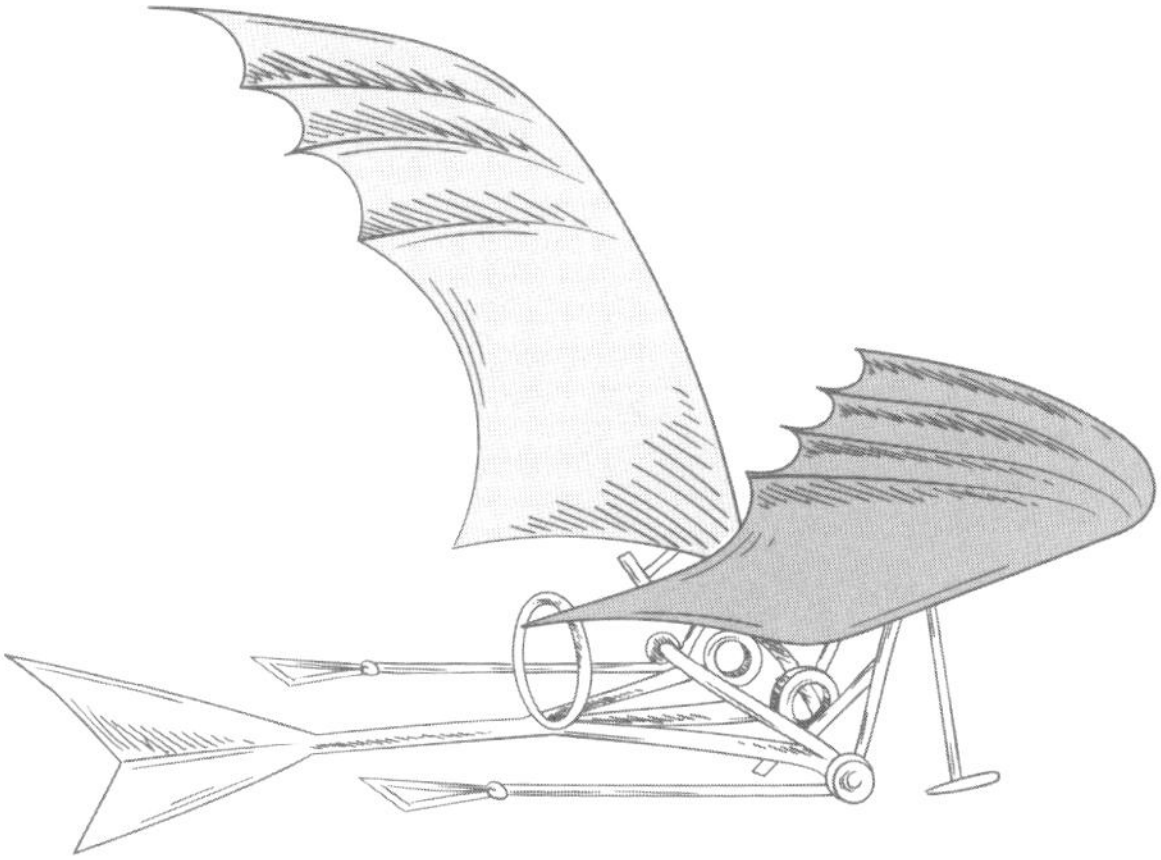

レオナルド・ダ・ヴィンチが鳥の飛び方をヒントに考案した飛行機のイメージ。

み、行動など、自然界のスゴ技《わざ》を真似《まね》て、新しい技術《ぎじゅつ》の開発やものづくりにいかそうというものだ。似《に》た言葉に「バイオミミクリー」がある。意味はほぼ同じだが、バイオミミクリーは、技《ぎ》術《じゅつ》や製品《せいひん》をとおして地球環境《かんきょう》の問題を解決《かいけつ》しようという、さらに進んだ考え方だ。

　バイオミメティクスの歴史《れきし》は意外に古い。たとえば、今から五百年以上前、芸術家《げいじゅつか》で科学者でもあったレオナルド・ダ・ヴィンチは、あらゆる自然現象《げんしょう》を細かく観察していたという。なかでも鳥の飛び方の観察に熱中し、鳥の飛行技《ぎ》術《じゅつ》をお手本にすれば、人間も空を飛べるはずだと考え、飛行機の設計《せっけい》図《ず》までつくったほどだ。

カワセミ（上）は、羽をたたんで水の抵抗《ていこう》をへらし、すばやく水に飛びこむ。500系新幹線《けいしんかんせん》の先頭部分は、カワセミのくちばしの形をヒントに設計《せっけい》されている。

実用化されたバイオミメティクスの例では、まず新幹線《しんかんせん》があげられる。新幹線《しんかんせん》は便利な乗り物だが、高速でトンネルをとおりぬけるとき、おしだされる空気が大きな音を発生させるという問題をかかえていた。そこで注目されたのが、水辺にすむ鳥のカワセミだ。カワセミは、水しぶきをあげずにスーッと水中に飛びこんで魚をとらえる。カワセミの細長くとがったくちばしの形が、水面にぶつかるときのショックをやわらげているのだ。

それにならい、新幹線《しんかんせん》の先頭車両の先にカワセミのくちばしに似《に》た形を取り入れることで、空気にぶつかるショックをやわらげることに成

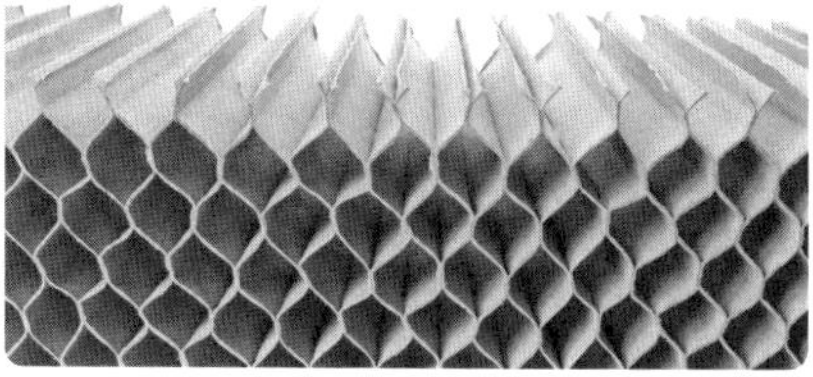

六角形の部屋がすきまなくならんだミツバチの巣（上）。段《だん》ボールのなかには、ミツバチの巣の六角形がヒントになっているものがある。

功した。また、車両上部のパンタグラフという装置《そうち》から出る大きな音をおさえる技術《ぎじゅつ》も、ほとんど音をたてずに飛ぶフクロウの羽の仕組みがヒントになっている。ちなみに、カワセミのくちばしの形は、競技用《きょうぎよう》のカヌーの形状《けいじょう》にも取り入れられている。

ミツバチやスズメバチなどの巣を正面から見ると、六角形の部屋がたくさんならんでいる。このように、六角形や六角柱がすきまなくならんだ構造《こうぞう》のことをハニカム構造《こうぞう》とよぶ。ハニカムとは「ハチの巣」という意味だ。ハニカム構《こう》造《ぞう》は、すきまがなくできているので、きわめてじょうぶだ。しかも、少ない材料でつくること

痛《いた》くない注射針《ちゅうしゃばり》の秘密《ひみつ》

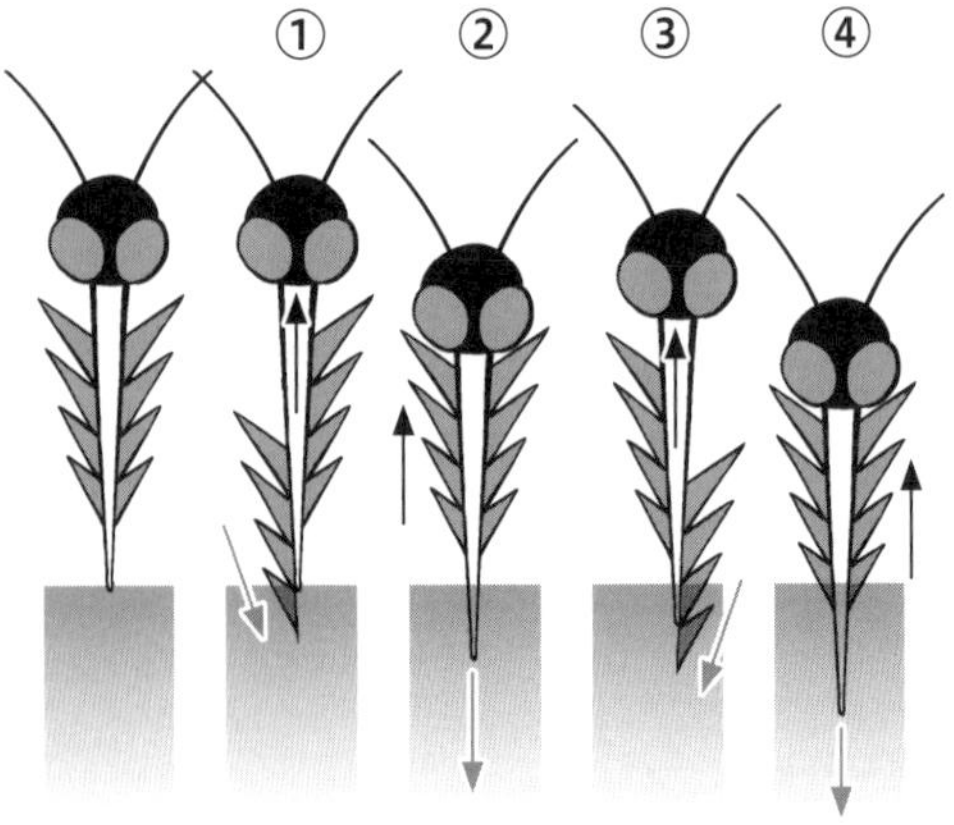

①左の針《はり》を刺《さ》しながら中心の針《はり》をひく。
②中心の針《はり》を刺《さ》しながら左の針《はり》をひく。
③右の針《はり》を刺《さ》しながら中心の針《はり》をひく。
④中心の針《はり》を刺《さ》しながら右の針《はり》をひく。中心の針《はり》で血を吸《す》う。

ができるので、軽いという特徴《とくちょう》がある。だれに教えてもらったわけでもないのに、ハチが身につけた技術《ぎじゅつ》は驚《おどろ》くべきものだ。このハニカム構《こう》造《ぞう》の特徴《とくちょう》をいかして、サッカーのゴールネットや建築《けんちく》材料、段《だん》ボール、航空機《こうくうき》や新幹線《しんかんせん》の車両など、いろいろなものが開発されている。

バイオミメティクスは、医療《いりょう》の分野でも見られる。たとえば、痛《いた》くない注射針《ちゅうしゃばり》があればいいのにと思う人に、うれしい技術《ぎじゅつ》が開発されている。ヒントをくれたのは、痛《いた》みを感じさせずに人間を刺《さ》して血を吸《す》う蚊《か》だ。蚊《か》の口を研究したところ、一本の針《はり》ではなく、役目のちがう七本の器官でできていることがわかった。そのうち、

カタツムリの殻《から》がきれいな秘密《ひみつ》

葉の上で体をのばすカタツムリ。殻《から》のみぞは、さわってもよくわからないほど細かい。

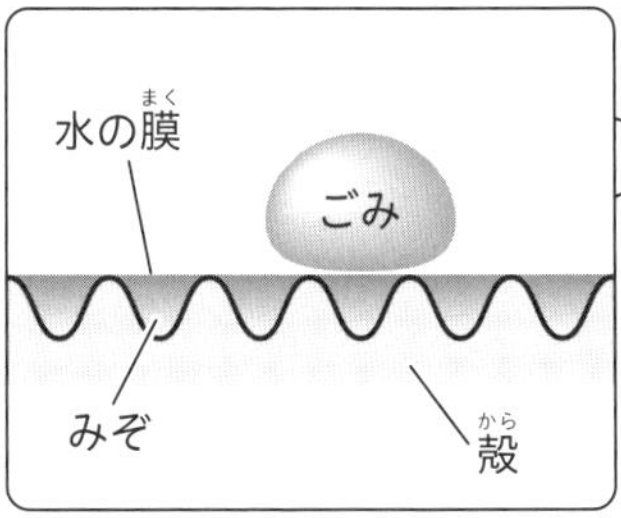

先がギザギザした二本の針《はり》が交互《こうご》に皮膚《ひふ》を切りさきながら、奥《おく》に進んでいく。ギザギザのほうが痛《いた》いように思えるが、皮膚《ひふ》にふれるのがとがった部分だけなので、痛《いた》みを感じにくいそうだ。その針《はり》のあいだから、血を吸《す》う役目のとても細い針《はり》（管《くだ》）がのびてくる。きらわれ者の蚊《か》の口の仕組みが、痛《いた》くない注射針《ちゅうしゃばり》の開発につながったのだ。

カタツムリの殻《から》の仕組みからうまれた建物の壁《かべ》もある。カタツムリは、しめった場所でくらす巻《ま》き貝《がい》の仲間だ。動きがゆっくりなので、ごみや泥《どろ》などが殻《から》にくっつきそうなものだが、よごれたカタツムリは見かけない。その秘密《ひみつ》は殻《から》のつくりにあるのだ。殻《から》の表面を顕微鏡《けんびきょう》で見てみると、縦横《じゅうおう》にとても細かいみぞがたくさん刻《きざ》まれていることがわかる。みぞには空気中の水分などがたまるため、殻《から》の表面は、いつも薄《うす》い水の膜《まく》におおわれている状態《じょうたい》だ。ごみは水の膜《まく》の上にのるので、水といっしょに流れ落ちてしまうのである。その仕組みを利用して、建物のよごれにくい外壁《がいへき》が開発された。雨が降《ふ》れば、よごれが自然に流れ落ちるので、ブラシに洗剤《せんざい》をつけてゴシゴシ洗《あら》わなくてもきれいになる。

ほかにも、身近なところから最先端《さいせんたん》の施設《しせつ》や道具まで、バイオミメティクスはさまざまな分野で取り入れられている。ヒントになる生き物も、ホ乳類《にゅうるい》から魚、昆虫《こんちゅう》、植物、それに顕微鏡《けんびきょう》で見るような小さな生き物まで多種多様だ。

人間は、地球に存在《そんざい》するさまざまな材料やエネルギーを使って、ものをつくりだしてきた。けれど、自然界の生き物たちには最小限《さいしょうげん》の材料とエネルギーで、むだなく生きる知恵《ちえ》がそなわっている。自然は、まだまだ知られていないことだらけで、生き物から学ぶことはたくさんあるだろう。自然は、人間の社会で起きた問題をとくヒントをくれるどころか、こたえにあふれる宝《たから》の山のようなものなのだ。

動物の展示《てんじ》

動物は見世物《みせもの》？ それとも…？

水族館の人気アトラクション、イルカショーが見られなくなっている。動物園でも、動物とのふれあい体験やエサやりイベントが中止されたり、見られる動物の種類がへったりしている。これらは、どれも日本で起きている本当の話だ。海外でも、似《に》たようなことがふえている。たとえば、フランスでは、イルカショーなどの野生動物を使ったショーが法律《ほうりつ》で禁止《きんし》された。オーストラリアでは、観光客がコアラをだっこする人気のイベントがおこなわれなくなった施設《しせつ》も多い。

動物を見るのは楽しいし、じかにさわるともっと親しみを感じられる。動物園や水族館は、学校の遠足や家族との旅行などで、だれでも動物に会いにいける大人気のス

飼育員《しいくいん》の合図にあわせて輪くぐりをひろうするイルカ。飼育員《しいくいん》との息もぴったりだ。

ポットだ。それなのに、どうしてイベントを中止したり、へらしたりしてしまうのだろうか——。

その理由は、動物に対する考え方が大きく変わってきたことと深い関係がある。それは「アニマルウェルフェア」とよばれるものだ。

アニマルウェルフェアは、日本語で「動物福《ふく》祉《し》」を意味する。動物福祉《ふくし》とは、簡単《かんたん》にいえば「動物がうまれてから死ぬまで、体も心もできるだけつらい思いをせずに、幸せを感じてすごせるようにしよう」という考え方だ。動物が、人間と同じような悲しみやよろこびなどの感情《かんじょう》を持っているかどうかはわからない。だからといって、人間のつごうで動物に何をしてもかまわないということにはならないのだ。アニマルウェルフェアの考え方は、一九六〇年代にイギリスでうまれた。もともとはウシやブタ、ニワトリなどの家畜《かちく》が、ひどい環境《かんきょう》で飼《か》われていた状況《じょうきょう》が批判《ひはん》されたことからはじまったという。今では、人間に飼《か》われている動物全体に対する考え方として、世界中に広がっている。

動物園を例にして考えてみよう。動物園は、見せる目的で動物を飼《か》う代表的な動物展示施設《てんじしせつ》だ。日本では、一八八二年に東京で恩賜上野《おんしうえの》動物園が開園した。それ以降《いこう》、動物園では、世界各地で捕獲《ほかく》され、集められた野生動物たちが、コンクリートのせまい檻《おり》に入れられたり、鎖《くさり》でつながれたりして飼《か》われてきた。自由に動きまわることができないばかりか、いつもお客さんたちに見られて、かくれることもできない。自然の中で、わざわざそんな場所でくらしたいと思う動物がいるだろうか。なかには、ずっと同じ場所をぐるぐる歩きまわったり、自分の体を傷《きず》つけたり、毛を抜《ぬ》いたりするなど、おかしな行動をするようになった動物もいたのだ。

近年、動物園の展示《てんじ》方法はどんどん変わってきた。動物の立場になって考え、環境《かんきょう》

高い場所にはったロープを、オランウータンがじょうずにわたっていく。高い木の上でくらす動物の習性《しゅうせい》をいかした展示《てんじ》だ。

をととのえることを「環境《かんきょう》エンリッチメント」という。具体的には、のぼれる木や植物を植えたり、土の床《ゆか》や隠《かく》れ場所をつくったりするなど、動物がすむ自然に近い環境《かんきょう》をつくりだすこと。また、エサのとり方や、その動物の習性《しゅうせい》にあわせた行動ができるくふうをすることなどさまざまだ。以前は、動物の種類が多いことや、めずらしい動物を見せることが宣伝《せんでん》になったが、今では大切に飼《か》えるだけの数にへらす動物園もある。

動物に人間のつごうをおしつけないことも、アニマルウェルフェアの重要な考え方だ。さわられるのが苦手《にがて》な動物もいる。さわられて弱ってしまうこともある。人間の真似《まね》や芸を覚えさ

旭山《あさひやま》動物園あざらし館の行動展示《てんじ》。円柱水槽《すいそう》の中をダイナミックに泳ぐゴマフアザラシを見ることができる。

せることは、たとえ動物がいやがっていないとしても、動物にとっては意味のない不自然な行動だという考え方もある。イルカショーやアシカショー、動物とのふれあいイベントなどが消えていく大きな理由だ。

　特別なイベントはなくても、動物たちがいきいきした姿《すがた》を見せてくれれば、お客さんも楽しい。動物の自然の行動やくらし方を知ることもできる。動物園や水族館は、今では自然環境《かんきょう》について学ぶ場所にもなっているのだ。たとえば、北海道の旭山《あさひやま》動物園は、ただ動物の姿《すがた》を見せるのではなく、ありのままのくらし方を再現《さいげん》した「行動展示《てんじ》」で注目され、多くの入園者を集める人気の動物園となった。ちがう種の動物をいっしょに飼育《しいく》する、「共生展示《きょうせいてんじ》」の取り組みもおこなっている。飼育技術《しいくぎじゅつ》も進歩して、動物の健康や状態《じょうたい》をチェックすることもできる。飼育員《しいくいん》も、動物を守りながら、お客さんが見て楽しめるように努力をつづけている。

アニマルウェルフェアの考え方は、もちろん動物園や水族館だけにあてはまるものではない。街の中で動物を展示《てんじ》する施設《しせつ》には、飲食をしながら動物とふれあえる「アニマルカフェ」とよばれるものがある。アニマルカフェは日本に多く、海外からの観光客にも人気がある。動物が好きな人にとっては楽しい場所だろう。アニマルカフェで飼《か》われている動物は、ネコやイヌといったペットとしておなじみのものだけでなく、ウサギやモルモット、フクロウ、インコ、トカゲ

ネコカフェは人気のアニマルカフェ。保護《ほご》されたネコの新しい飼《か》い主《ぬし》を探《さが》すための「保護猫《ほごねこ》カフェ」などもある。

など、店ごとにさまざまな種類がいる。これらの施設《しせつ》で楽しむ人は、アニマルウェルフェアの気持ちをわすれないようにしたいものだ。

また、ペットショップにも、たくさんの動物が展示《てんじ》され、販売《はんばい》されている。ペットショップの動物を見て、ほしくなって飼《か》ってしまったけれど、世話がたいへんなためにすてられてしまう動物があとを絶《た》たない。動物はオモチャではない。最後まで大切に飼《か》うことは飼《か》い主《ぬし》の責任《せきにん》なのだ。ちなみに、海外では、店でペットを販売《はんばい》することを禁止《きんし》している国がふえている。

世界自然保護基金《ほごききん》（ＷＷＦ）では、野生動物をペットにできると誤解《ごかい》する人がふえることも心配している。絶滅《ぜつめつ》が心配されている野生動物のなかには、ペットとして売るために密猟《みつりょう》されて、数をへらしてしまった種も多いからだ。

動物をかわいがる気持ちは大切にしたい。それと同じくらい、その動物が幸せに生きていける方法を考えてみることも大切といえるだろう。

おわりに

地球は「奇跡《きせき》の星」だ。あとちょっと太陽との距離《きょり》がちがっていたら、地球は灼熱《しゃくねつ》の星か氷の星だったかもしれない。空気と適度《てきど》な気温、陸地と海、ほかにいくつもの条件《じょうけん》がそろって生命がうまれ、現在《げんざい》の地球は多種多様な生き物で満ちあふれている。広い宇《う》宙《ちゅう》で、地球のような星はほかにはまだ見つかっていない。

本書では、そんな地球上の生き物をたくさん紹介《しょうかい》している。クマムシやネムリユスリカのように小さいけれど驚異的《きょういてき》な能力《のうりょく》を持つものや、シーラカンスやカブトガニなど、何億年も変わらない姿《すがた》で生きてきた「生きている化石」たち。パンダやペンギンなど、人気者たちの不思議《ふしぎ》な生態《せいたい》。十三年に一度だけ、十七年に一度だけあらわれるセミのなぞ。

自然界の生き物は、つねに厳《きび》しい生存《せいぞん》競争にさらされ、生き残って子孫を残すためにさまざまな能力《のうりょく》を身につけてたくましく生きている。生き物の数だけ物語があるのだ。

本書では、ヘビや蚊《か》など、きらわれがちな生き物たちも取り上げている。好ききらいはしかたがないけれど、少しだけ興味《きょうみ》を持ってながめてみてはどうだろうか。

人間のくらしと生き物のかかわりにも注目してみてほしい。人間はほかの生き物とともにくらし、見て楽しみ、食料などに利用してきた。生き物のスゴ技《わざ》は、道具や乗り物のほか、宇宙《うちゅう》開発や医療《いりょう》などの最新技術《ぎじゅつ》にも使われている。

その一方で、人間は生き物たちの命や生きる環境《かんきょう》をうばい、多くの種を絶滅《ぜつめつ》の危機《きき》に追いやっている。奇跡《きせき》の星の生き物たちの物語が途切《とぎ》れてしまわないために、わたしたちに何ができるだろうか。

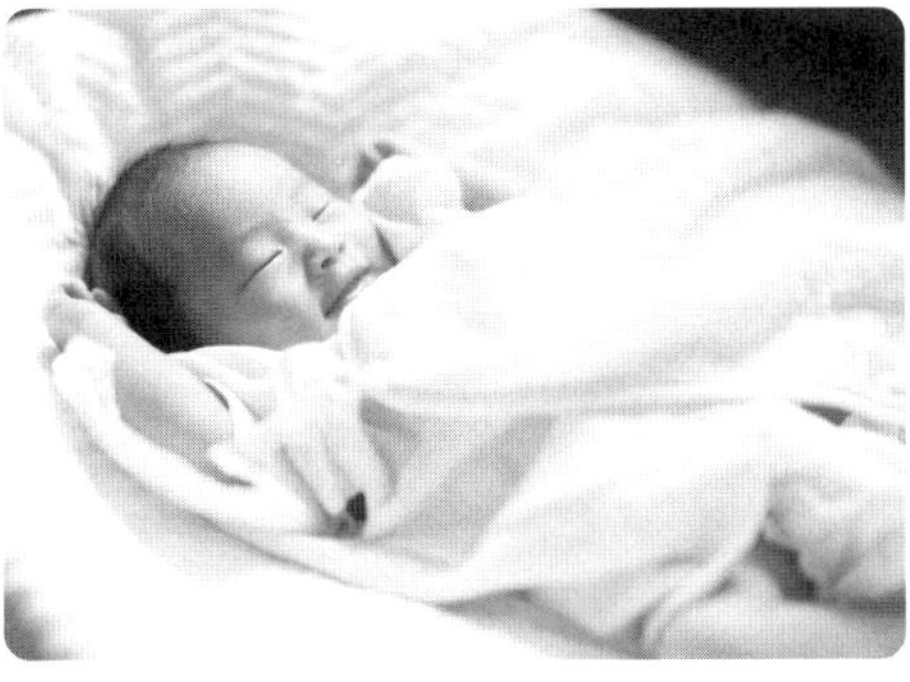

文　栗栖 美樹（くりす みき）

山形県生まれ。宮城学院女子大学卒業。自然科学系ストックフォトに勤務、育児のため休業期間を経て自然科学系編集プロダクションに勤務。フリーとなり、図鑑をはじめ自然、生物、環境に関する主に児童書の企画、編集、執筆にたずさわっている。著書（共著）に『前略　人間様へ ― 生きてるって、すごくない？』（幻冬舎コミックス）がある。

編集　ワン・ステップ
デザイン　妹尾 浩也
装画・挿画　久方 標

5分後に世界のリアル
驚愕！ 生き物サバイバル

初版発行　2025年3月

文　栗栖 美樹
装画・挿画　久方 標
発行所　株式会社 金の星社
〒111-0056 東京都台東区小島1-4-3
https://www.kinnohoshi.co.jp
電話 03-3861-1861（代表）　FAX 03-3861-1507
振替 00100-0-64678
印刷・製本　TOPPANクロレ 株式会社

160P　18.8cm　NDC480　ISBN978-4-323-06355-3